运动鞋
视觉大百科

[法] Mathieu Le Maux（马蒂厄·勒莫）著　熊伟　宋文虎 译

电子工业出版社
Publishing House of Electronics Industry
北京·BEIJING

Copyright © 2021 by author, and licensed to Beijing XinGuang CanLan ShuKan Distribution Co., Limited. Originally published in France by Olo Editions.

Published by agreement with Olo Editions through the Chinese Connection Agency, as a division of Beijing XinGuang CanLan ShuKan Distribution Company Ltd. , a.k.a. Sino-Star.

本书简体中文版由北京新光灿烂书刊发行有限公司授权电子工业出版社。未经出版者预先书面许可，不得以任何方式复制或抄袭本书之部分或全部内容。

版权贸易合同登记号　图字：01-2022-6186

图书在版编目（CIP）数据

运动鞋视觉大百科/(法)马蒂厄·勒莫著；熊伟，宋文虎译. -- 北京：电子工业出版社，2023.10
书名原文: 1,000 Sneakers: A Guide to the World's Greatest Kicks, from Sport to Street
ISBN 978-7-121-44674-0

Ⅰ.①运… Ⅱ.①马… ②熊… ③宋… Ⅲ.①运动鞋–介绍–世界 Ⅳ.①TS943.74

中国版本图书馆CIP数据核字(2022)第236735号

责任编辑：田　蕾
印　　刷：北京利丰雅高长城印刷有限公司
装　　订：北京利丰雅高长城印刷有限公司
出版发行：电子工业出版社
　　　　　北京市海淀区万寿路173信箱　邮编：100036
开　　本：889×1194　1/12　印张：21.5　字数：464.4千字
版　　次：2023年10月第1版
印　　次：2023年10月第1次印刷
定　　价：198.00元

凡所购买电子工业出版社图书有缺损问题，请向购买书店调换。若书店售缺，请与本社发行部联系，联系及邮购电话：（010）88254888，88258888。

质量投诉请发邮件至zlts@phei.com.cn，盗版侵权举报请发邮件至dbqq@phei.com.cn。
本书咨询联系方式：（010）88254161~88254167转1897。

1000款
经典运动鞋
背后的炫彩故事

这是一本难得的运动鞋大观，囊括了各品牌最棒的运动鞋，从运动场到街头，应有尽有。

第一天上学的情形我已经不记得了，第一次聚会的情景也想不起来了，甚至第一次给小女生递纸条只是留下了一些模糊的印象。由此看来，我的记忆脑回路一定与别人不太一样，因为这些原本应该会在孩子心中留下不可磨灭印记的事情，我却已经忘得一干二净了，反倒是父母送给我第一双运动鞋的那一天，我却记得清清楚楚。

那一天是1992年6月4日，一个星期四，也是我的11岁生日。毫无疑问，这是我曾经度过的最棒的一个生日。在经过几轮艰难的讨价还价、不停的乞求，最后把一大堆好成绩拿出来作为底牌之后，我父母终于同意拿出500法郎给我买一双运动鞋，尽管他们对这项花费很是有些不情不愿。与其说这种不情愿来自他们对我所采用手段的不屑，倒不如说他们把这视为一个原则性的问题，因为他们认为我对运动鞋的这种狂热执着完全是一种不切实际的胡思乱想。

那个时代每个孩子的偶像，或者至少在我看来每个孩子的偶像，是安德烈·阿加西。正是这一年他在法国网球公开赛的半决赛中输给了吉姆·考瑞尔，后者最后成为这届法国网球公开赛的冠军。阿加西有一个绰号是拉斯维加斯男孩，就是这位拉斯维加斯男孩将网球场上刻板、严肃的风格一扫而空，代之以邋遢的外表、颇具未来主义风范的太阳镜、多彩的Polo衫、水洗牛仔短裤，而最要命的，是他脚上所穿的耐克Air Tech Challenge IV。这款鞋，让整整一代人都为之垂涎欲滴。当然了，我生日那天收到的可不是价格高达1000法郎的那款有名的气垫鞋（Air Max），而是较为便宜的一款。但是那又怎么样，我终于穿上了那样的一双运动鞋！到现在我依然清晰地记得，第二天上学的路上我是如何贪婪地不停打量脚上的那双鞋，尽可能长时间地欣赏那无瑕的白色。因为我知道，这种完美的纯正色调根本无法承受即将到来的"洗礼"，也就是我们学校的一个传统，只要有同学穿了一双新鞋来学校，大家就会蜂拥上去踩他/她的脚。这一传统让学生家长们很是恼火，他们也确实应该感到恼火，但是这在当时，想要加入扮酷一族的学生，谁能避过这样一个皆大欢喜的仪式呢？

我平时总是穿诺埃尔（Noël）或者波尼（Pony）牌的鞋。它们虽然属于二线品牌，但是在我所在小学的社会达尔文主义氛围下，还是要比超市里的那些品牌要高贵一些。现在我终于可以挺起胸膛了，因为我已经加入了运动鞋的顶级联盟，这里面都是有名的大品牌，如耐克、锐步以及其他的知名品牌。从那以后我就再也没有降过级。近30年过去了，我的鞋架上已经摆满了超过300款不同系列的运动鞋，包括限量版的"正品"阿加西，是我在某个深夜持续单击鼠标抢购得来的。这双鞋我很少穿，因为必须要考虑"洗礼"这个问题。

马蒂厄·勒莫

运动鞋的构造

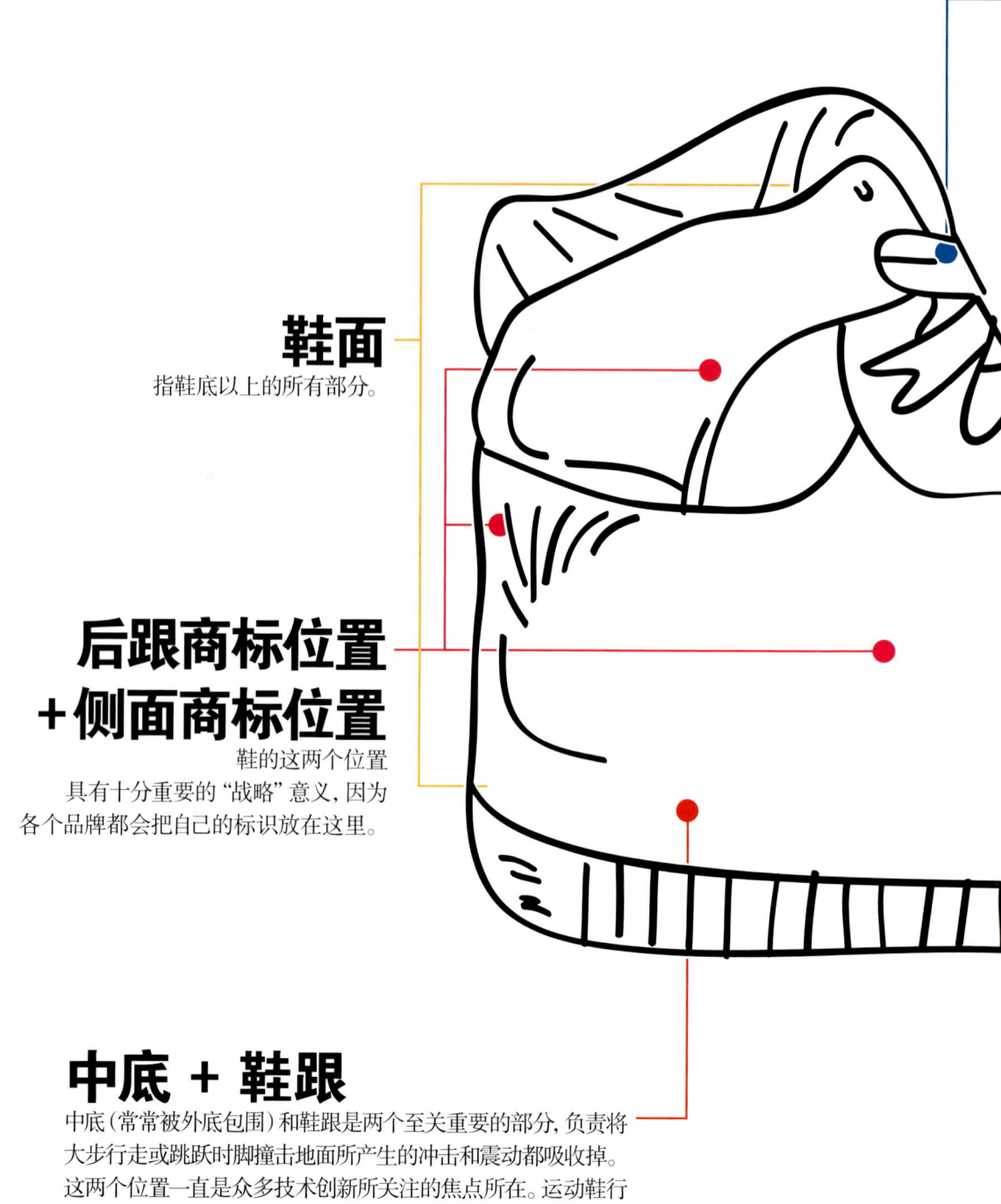

鞋面
指鞋底以上的所有部分。

**后跟商标位置
+侧面商标位置**
鞋的这两个位置具有十分重要的"战略"意义,因为各个品牌都会把自己的标识放在这里。

中底 + 鞋跟
中底(常常被外底包围)和鞋跟是两个至关重要的部分,负责将大步行走或跳跃时脚撞击地面所产生的冲击和震动都吸收掉。这两个位置一直是众多技术创新所关注的焦点所在。运动鞋行业成功的关键,在很大程度上也取决于鞋的这个位置。

鞋舌

鞋舌起到保护脚背和脚踝底部的作用。鞋舌的设计可以轻薄而隐秘，也可以厚重而突出。鞋舌上位于鞋带之上的那一部分，连同后跟商标处和侧帮一道，都是比较特殊的位置，各个品牌往往会把自己的标识、品牌名或者品牌代言人的面孔和签名放在这里。

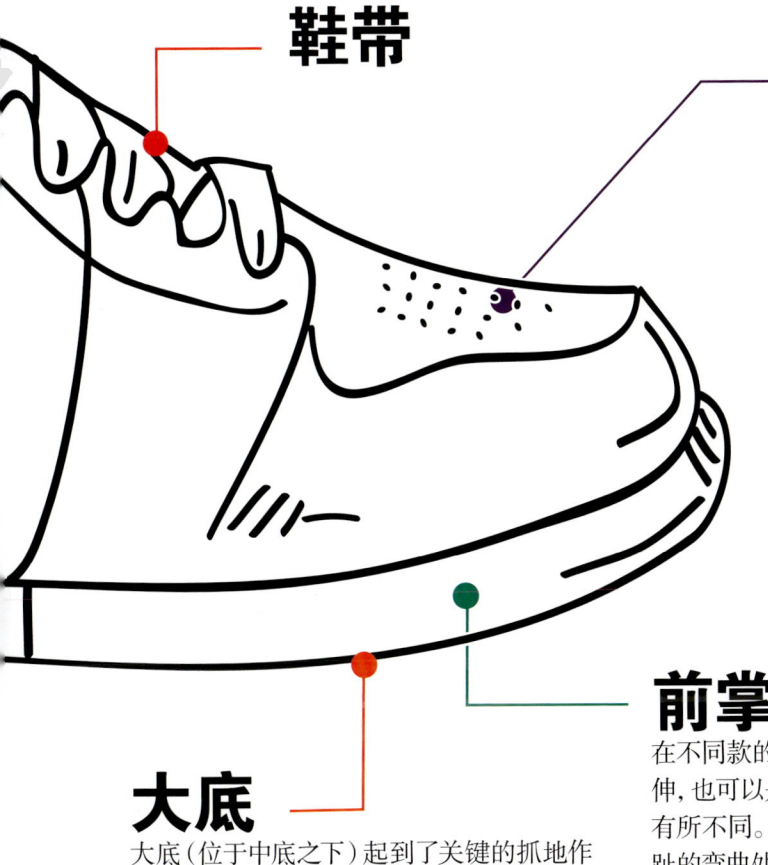

鞋带

鞋头

鞋头就像一个套子，既要承担在不夹脚的前提下尽可能保护脚趾的艰巨任务，又要确保为脚趾提供合适的透气功能。鞋头起初大多用皮革制作，现在的鞋头则多由复杂的合成材料制作而成。

前掌

在不同款的运动鞋中，前掌可以是中底的延伸，也可以是其补充，不同用途的运动鞋会有所不同。前掌必须尽可能柔软，以便与脚趾的弯曲处相匹配。

大底

大底（位于中底之下）起到了关键的抓地作用，因为鞋与地直接接触的位置只有这里。大底的厚度和弹性根据不同的运动用途而有所不同。

第一章 走上神坛

阿迪达斯 斯坦·史密斯 （ADIDAS STAN SMITH）	14	乐卡克 阿瑟·阿什 （LE COQ SPORTIF ARTHUR ASHE）	66
锐步 自由式（REEBOK FREESTYLE）	20	锐步 气泵鞋（REEBOK PUMP）	70
耐克 科特兹（NIKE CORTEZ）	22	斐乐 健身（FILA FITNESS）	74
彪马 克莱德（PUMA CLYDE）	26	春苑 G1（SPRING COURT G1）	76
新百伦576（NEW BALANCE 576）	30	匡威 查克·泰勒 全明星 （CONVERSE CHUCK TAYLOR ALL STAR）	80
盖世威 经典（K-SWISS CLASSIC）	36		
阿迪达斯 超级明星 （ADIDAS SUPERSTAR）	38	阿迪达斯 SL72和SL76 （ADIDAS SL 72 & SL 76）	86
波尼 顶级明星（PONY TOP STAR）	42	耐克 空军一号（NIKE AIR FORCE 1）	88
耐克 乔丹系列（NIKE AIR JORDAN）	44	锐步 经典真皮款 （REEBOK CLASSIC LEATHER）	92
彪马 逍遥骑手（PUMA EASY RIDER）	52	科迪斯 皇家经典（PRO-KEDS ROYAL）	94
鬼冢虎 墨西哥 （ONITSUKA TIGER MEXICO）	54	范斯（VANS AUTHENTIC）	96
耐克 气垫鞋（NIKE AIR MAX）	56	阿迪达斯 ZX 8000（ADIDAS ZX 8000）	100
阿迪达斯 美利坚 高帮 88 （ADIDAS AMERICANA HI 88）	64	耐克 AIR HUARACHE （NIKE AIR HUARACHE）	102
		汀克·哈特菲尔德 （TINKER HATFIELD）	104

目录

第二章 品牌争霸

耐克（NIKE）	110	匡威（CONVERSE）	152
阿迪达斯（ADIDAS）	118	亚瑟士-鬼冢虎（ASICS-ONITSUKA TIGER）	162
彪马（PUMA）	126	范斯（VANS）	170
新百伦（NEW BALANCE）	136	波尼（PONY）	178
锐步（REEBOK）	144	全景展现（PANORAMA）	186

第三章 傲视同侪

顶级的价格（TOP MOST EXPENSIVE）	198	顶级定制运动鞋（TOP SPECIAL MAKE UP）	226
顶级网球鞋（TOP TENNIS PLAYERS）	200		
顶级NBA篮球鞋（TOP NBA）	204	顶级健身鞋（TOP FITNESS）	228
电影中的顶级运动鞋（TOP MOVIES）	208	回溯20世纪10年代至70年代（FLASHBACK 1910s TO 1970s）	232
顶级童鞋（TOP BABIES）	212	回溯20世纪70年代（FLASHBACK 1970s）	234
顶级异形运动鞋（TOP FREAKY）	214	回溯20世纪80年代（FLASHBACK 1980s）	238
斯派克·李的顶级收藏（TOP SPIKE LEE）	216	回溯20世纪90年代（FLASHBACK 1990s）	242
坎耶·维斯特的顶级收藏（TOP KANYE WEST）	220	回溯21世纪初（FLASHBACK 2000s）	246
		回溯21世纪10年代（FLASHBACK 2010s）	250
顶级时尚运动鞋（TOP FASHION）	224	2015—2020年亮点（MUST-HAVE 2015—2020）	252

第一章
走上神坛

运动鞋并不是生来就如此受人追捧的，从平淡无奇到走上神坛，这其中有一个逐渐发展的过程。你问我是怎么走到今天这一步的？当然是让自己跻身于那些运动员、艺术家，或者一股新的潮流、一个新的文化运动当中，从而创造出属于自己的一段传奇。

飞人乔丹这个系列之所以大获成功，主要得益于一位具有超凡魅力的运动员将其转化为整整一代人的象征；阿迪达斯的超级明星（Superstar）运动鞋系列则是在其背后推手，即说唱组合Run DMC的推动下走上荣耀之路的。在这个说唱组合的歌词中，阿迪达斯运动鞋成了一面旗帜迎风飞舞。

其他的大牌运动鞋能成功同样也都是因为运气足够好，它们或者与电视剧中的某个警察存在交集（《警界双雄》与阿迪达斯SL72），或者与银幕上的英雄人物不期而遇（《李小龙》与鬼冢虎的Mexico66），或者与受人崇拜的歌手联系在一起（约翰·列侬与春苑（Spring Court）），更或者与一种音乐流派（如嘻哈）或常见的休闲运动（如健身、滑板、跑步等）密不可分。运动鞋的设计师们，如Air Max和Huarache之父汀克·哈特菲尔德，也在这个过程中发挥了作用。同样发挥作用的还有革命性的技术（如锐步的Pump技术）。但是，受人推崇的地位有时候就像是奇迹一般，除来自街头文化的影响之外没有任何其他原因。没错，仅仅凭借来自街头的行为准则和流行趋势就能够决定一款鞋的命运。有些美丽的故事虽然很动人，但却相对短暂，而另外一些故事，例如阿迪达斯的斯坦·史密斯（Stan Smith）、锐步的经典（Classic）、匡威的查克·泰勒（Chuk Taylor），却受到动辄数百万人甚至几乎整个国家毫无来由的崇拜。这样的故事必定会不断地被人传颂，直到库存耗尽的时候才会结束。但是库存耗尽，你相信这种情况会发生吗？

阿迪达斯 斯坦·史密斯（ADIDAS STAN SMITH）

直白的崇拜

2011

这一年，阿迪达斯宣布，由于销售业绩欠佳，将停止其斯坦·史密斯系列运动鞋的生产。随后粉丝们发现了阿迪达斯真正的策略：制造一种稀缺，以图在重新上市时带来更大的反响。不出所料，这款鞋在2014年重新上市时取得巨大成功。

ROBERT HAILLET
原始款

STAN SMITH 2
带 Velcro 搭扣

STAN SMITH HIGH/WMN
无语……

走上神坛

斯坦·史密斯运动鞋以其简洁的线条、雪白的皮革以及紧凑的外形，受到几乎所有运动鞋粉丝的追捧，这实在是一个奇迹。

> "许多人都以为我是一双鞋，他们甚至不知道我是一名网球运动员。不过这款运动鞋真正拥有了自己的生命，甚至远远超越了我本人。"
> ——斯坦·史密斯

1963 年，阿迪达斯公司的首席执行官霍斯特·达斯勒邀请法国网球运动员罗伯特·海耶（Robert Haillet）设计一款首次用皮革制作的网球鞋。那时候世界各地的网球运动员穿的都是帆布材料的网球鞋，由于脚踝处得不到足够保护而饱受伤痛的折磨。海耶的设计在技术上是一次探索，即将柔软的皮革直接缝制在鞋底上。8 年之后，这家德国运动服装供应商与当时一位最出色的运动员，即 1971 年美国网球公开赛冠军、美国戴维斯杯网球队主力、时年 25 岁的斯坦·史密斯签约。在随后的 3 年时间里，这位加利福尼亚小伙子的名字与谦逊的法国网球运动员海耶的名字放在一起，之后才用他的名字单独装饰鞋的侧面。20 世纪 80 年代早期，斯坦·史密斯网球鞋离开网球场走上了街头，出现在了一些工人、教师和学生的脚上，他们用李维斯 501 牛仔裤和皮夹克与网球鞋搭配在一起。10 年后，这款运动鞋在说唱歌手中开始流行，最终登上了吉尼斯世界纪录大全——在全球的销量达到了将近 2200 万双。从此以后，斯坦·史密斯运动鞋成了休闲时尚衣橱中的基本配置，让那些年龄在 40 多岁并深陷在波西米亚时尚潮流中的人难以自拔。这款鞋成为设计师马克·雅可布（Marc Jacobs）的最爱，并且被多个极具影响力的奢饰品牌复制了很多次，尽管没有一次能够达到它的那种永恒的荣耀。

300

这是斯坦·史密斯运动鞋在20世纪80年代的法郎价格，大约换算为50美元，现在的价格大约是120美元。

STAN SMITH PHARRELL WILLIAMS
快乐的感觉

STAN SMITH RAF SIMONS
突出的个性

STAN SMITH CONSORTIUM
蛇皮纹理

阿迪达斯 斯坦·史密斯（ADIDAS STAN SMITH）

一个因姓名而成就的偶像

在这款著名运动鞋的背后，我们常常忘记了还有这样一个真实的故事，即在运动鞋名称的背后是一位网球运动巨星斯坦·史密斯，20世纪70年代早期世界排名第一的网球运动员，曾7次赢得戴维斯杯。

在过去的30多年时间里，斯坦·史密斯一直在不厌其烦地讲述自己的故事。2009年，他曾不无感慨地说道："我的名字由于一双鞋的缘故而在全世界很出名。4000多万双鞋子上有我的名字，但往往没有人知道我是谁，或者一点也不了解我的生活、我的职业或者我的成就。"说这句话的时候是2009年4月的某一天，当时他正在巴黎阿迪达斯品牌店的一个角落里为一群孩子在十几双亮白的运动鞋上签上自己的名字，而这群孩子尚未从刚才的惊讶当中回过神来，因为他们没有想到会与这位颇具传奇色彩的网球运动员面对面地站在一起。1972—1973年世界排名第一、两次大满贯冠军（1971年美国网球公开赛和1972年温布尔登网球公开赛）、7次赢得戴维斯杯，这位网球场上的老手从来没有抱怨过，自己这么出名主要是因为那么多鞋子上有自己的名字。正相反，他这样解释说："在我那个时代，圈子里没有人可以像现在这样赚钱。所以当阿迪达斯（1971年）选中我之后，我立即成了一个特权人物，并且颇让人羡慕。我记得有一位得到乐透抽奖赞助的南美网球运动员，他把自己的品牌贴纸贴在了一双斯坦·史密斯运动鞋上。我跟他说，'嘿，你穿的是我的鞋！'他回答说，'是呀，但是斯坦，请千万别告诉别人。'许多运动员都穿斯坦·史密斯运动鞋，因为这是最棒的鞋，但同时也让相当一些人感到恼怒，因为上面有我的名字。经过了这么长时间，在取得了众所周知的巨大成功后，斯坦·史密斯运动鞋在金钱上也给我带来了相当大的满足感，所以我还有什么可抱怨呢？"斯坦·史密斯后来成为一家体育赛事公司的负责人，还担任一所网球学校的校长。这位因自己的姓名而成为时尚偶像的人，其50%~60%的收入现在依然来自与其同名的运动鞋。他开玩笑地说道："斯坦·史密斯让我成为一位企业家而不是花花公子！但是这款鞋最令人感到吃惊的地方是，它适合任何人，从普通人到亚瑟小子或法瑞尔·威廉姆斯这样的明星都可以。这才是它真正的魅力所在。"

斯坦·史密斯，正在1978年的法网公开赛上发球。在成为运动鞋文化的偶像之前，他在1972—1973年间成为世界排名第一的网球运动员，并因此成为早期世界排名第一的网球运动员之一。

阿迪达斯 斯坦·史密斯（ADIDAS STAN SMITH）

VINTAGE BLUE

ADIDAS X PHARRELL WILLIAMS

ADIDAS X STAR WARS MILLENIUM FALCON

KERMIT THE FROG

BATTLE PACK

ADIDAS X CLOT

LUXURY PACK - SHARK WHITE

OIL SPILL

ADIDAS X CLUB 75

VINTAGE RED

ADIDAS X PHARRELL WILLIAMS SOLID PACK BLUE

CORE BLACK & LEOPARD

ADIDAS X THE HUNDREDS

CONSORTIUM - PLAY

ADIDAS X CNCPTS

走上神坛

PRIMEKNIT

ADIDAS X PHARRELL WILLIAMS X COLETTE

ADIDAS X NEIGHBORHOOD

ADIDAS X PHARRELL WILLIAMS TENNIS PACK II

ADIDAS X PHARRELL WILLIAMS TENNIS PACK I

ADIDAS X PHARRELL WILLIAMS SOLID PACK RED

W POPPY

W CHALK

CONSORTIUM- OSTRICH

ADIDAS X OPENING CEREMONY

ADIDAS X OPENING CEREMONY

WOVEN

BASEBALL LEGACY

ADIDAS X OPENING CEREMONY

MASTERMIND

锐步 自由式（REEBOK FREESTYLE）

活力女孩

1984

在推向市场两年后，锐步的这款"自由式"（Freestyle）运动鞋就占据了锐步总销售额的半壁江山。

REIGN BOW
20世纪80年代的标志

FREESTYLE WHITE
啦啦队的首选

EX-O-FIT
男款

走上神坛

在30年的时间里,这款专为女性设计的运动鞋已经从健身课堂步入了流行电声音乐的演唱会上。

EX-O-FIT

"自由式"的男款,在"自由式"女款运动款上市5年后推向市场。

那是在1982年,锐步把这款与众不同的高帮软皮运动鞋推向了市场,鞋上搭配两个Velcro尼龙搭扣和带衬垫的踝带。这款鞋是专为进行健身训练和有氧运动的女性而设计的——当时室内运动正在变得越来越受欢迎——然而这款鞋很快也受到了步行者、负重训练人员甚至舞者们的欢迎,随后还有职业篮球队的啦啦队(锐步曾经为洛杉矶湖人队的啦啦队姑娘们提供过赞助)也采用了该鞋款。就像许多类似的男士运动鞋一样,锐步的自由式运动鞋很快就跳出了健身房并走上街头。特别是在1985年9月22日这一天,女演员赛比尔·谢波德以一双亮橘黄色的"自由式"运动鞋搭配黑色晚礼服出席了艾美奖颁奖典礼。自由式运动鞋成为奥利维亚·牛顿-约翰(译者注:1948年出生于英格兰的澳大利亚流行歌手,曾获1974年格莱美奖)这一代人的标配,无论牛仔裤、紧身短裤、运动裤或紧身裤,都可以与之搭配。30年后,这一代人的女儿们依然是这样的穿着,特别是在参加法国流行电声乐歌手耶勒的音乐会时。耶勒是这款永恒运动鞋的全球大使。

32000 双

这款运动鞋起初销售平平。锐步随即推出了一个促销方案:每购买一双"自由式"运动鞋,都可以免费获得两周的健身课程。几天之内,32000双"自由式"运动鞋全部售罄!

FREESTYLE WORLD TOUR (MADRID)
"马德里"特别珍藏版

FREESTYLE 25TH ANNIVERSARY
向原始款致敬

GRAPHIC
优雅

21

耐克 科特兹（NIKE CORTEZ）

下金蛋的母鸡

1968

比尔·鲍尔曼，一位田径教练，也是耐克的创始人之一，在这一年完成了科特兹的设计，4年后科特兹正式面市。

FORREST GUMP
2012款

CORTEZ BLACK & WHITE
自来酷

ART & SOLE PACK
40周年特别款

走上神坛

耐克
专属定制

耐克正是通过科特兹，在2003年推出了个性化定制体系。

菲尔·奈特和比尔·鲍尔曼通过科特兹这款运动鞋积累了大笔财富。他们于1971年创立了耐克品牌，销售的第一款鞋就是次年上市的科特兹，随即在美国各地大获成功。

"那一天，没什么特别原因，我决定去跑会儿步。"自此，汤姆·汉克斯在电影《阿甘正传》中拉开了横跨美国的长跑序幕，电影中的主人公阿甘为了修补受伤的心灵而开始跑步。他首先跑过了所在的小镇，然后是所在的县、所在的州，最后是整个美国。他脚上所穿的就是一双科特兹，而且从来没有换过。科特兹最初的名字叫科赛尔虎（Tiger Corsair），是按照蓝带体育公司（在耐克著名的钩形图案出现之前公司的名字）与日本品牌鬼冢虎（Onitsuka Tiger）之间的合作协议而起的名字。作为耐克的第一款跑鞋，科特兹于1972年推向市场，并由于出现在慕尼黑奥林匹克运动场上而赢得了大众的喜爱。科特兹的成功将耐克的销售额从8000美元一下增加到了80万美元，在一年的时间里一个"帝国"就这样诞生了。科特兹运动鞋以其舒适的感受、极简主义的风格以及多种可供选择的版本——其中还包括一款更显锥形的女版科特兹（"少女"）——而一直低调地坚持到了今天，在20世纪90年代不仅受到嘻哈青年的追捧，而且还出现在健身房和养老院里。

NIKE CORTEZ ID
2003年，首款定制耐克

NYLON (QUILTED PACK)
配尼龙鞋面的时髦款

ONITSUKA TIGER CORSAIR
启迪灵感

《阿甘正传》，1994年

珍妮送给阿甘一双"专为跑步而生"的耐克科特兹，于是主人公就花了3年多的时间跑遍整个美国，试图让自己忘记心中的痛苦。这是罗伯特·泽米吉斯导演的电影，也是美国20世纪50年代到80年代历史的真实写照。电影中的情节，将20世纪70年代早期出现的跑步热潮生动地展现了出来。

《霹雳娇娃》，1976年
法拉·福赛特在这部20世纪70年代广受追捧的连续剧中扮演吉尔·门罗。这是第一季第10集中的一个镜头。

彪马 克莱德（PUMA CLYDE）

涉足历史殿堂

1971

彪马在这一年推出了巴西贝利（Pelé Brazil），这款鞋以克莱德的鞋型为基础。

PUMA SUEDE
大姐大

PUMA CLYDE GREEN
众多配色中的一款

PUMA CLYDE X FRANKLIN & MARSHALL
复古限量版

走上神坛

这是彪马广受追捧的绒面运动鞋,专为篮球运动员沃尔特·"克莱德"·弗雷泽而设计,但是这款鞋的粉丝在所有的音乐流派中都大有人在。

"彪马找到我,好像第一笔合同的金额是5000美元,而且我想穿哪一款就穿哪一款。在此之后我们得了冠军,于是他们又推出了绒面鞋款。"

篮球巨星沃尔特·弗雷泽
(Walt Frazier)

1968年,彪马创始人鲁道夫·达斯勒与纽约尼克斯队的进攻组织者沃尔特·弗雷泽见面。沃尔特·弗雷泽的外号叫克莱德,源自当时的一部电影《雌雄大盗》,因为他很擅长抢断对手的篮球。弗雷泽的穿衣风格不走寻常之路,这一点已经广为人知,所以在会面时他要求达斯勒为他设计一款特殊的篮球鞋。同一年,在墨西哥城举办的奥林匹克运动会上,200米赛跑的冠军汤米·史密斯在授奖仪式上,随着美国国歌的奏响而低下头并将戴着黑色手套的拳头举向空中,以表达对黑人民权运动的支持。在站上领奖台之前,他特意将脚上穿的一双黑色绒面彪马运动鞋脱下来,其本意是为了表示非裔美国人依然非常贫穷,但是这一举动却在无意间将彪马绒面运动鞋展示在全世界人们的面前。彪马在这一创造历史的鞋款基础上做出若干重要修改(取消鞋跟上的标识、将鞋底做得更薄更宽),于1973年设计出了克莱德这款鞋。尽管在滑板运动员当中也常有人穿这款鞋,但是克莱德真正获得巨大反响是在音乐圈。街舞男孩、雷鬼音乐人以及垃圾摇滚音乐人和致幻浩室音乐人都十分喜爱这款绒面运动鞋,尽管这一喜爱曾经受到来自扁鞋带这一可怕潮流的短暂影响。克莱德这款鞋几乎采用了不计其数的颜色风格,现在依然是彪马最畅销的鞋款。

2 是其竞争对手的数量:嘻哈音乐人喜欢的超级明星(Superstar)以及酸爵士中常见的Gazelle,均来自阿迪达斯。

PUMA PELÉ BRASIL
适合足球运动

CLYDE FRAZIER LIMITED EDITION
弗雷泽限量版

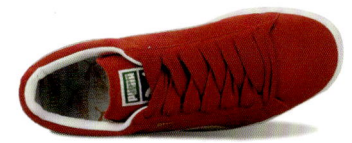

FAT LACES
街舞潮流

彪马 克莱德（PUMA CLYDE）

PUMA CLYDE X UNDEFEATED LUXE 2

URB PACK

LEATHER FS

COVERBLOCK

EASTER

GAMETIME

JET SET

PUMA CLYDE X VAUGHN BODE

MONSTER PACK - MOTH KING

PUMA CLYDE X YO! MTV RAPS

MICRODOT

PUMA CLYDE X UNDEFEATED BALLISTIC PACK

PUMA CLYDE X MITA SNEAKER

CLYDE WALT FRAZIER

PUMA CLYDE X SERGIO ROSSI

走上神坛

PUMA CLYDE X UNDEFEATED
SNAKE SKIN

PUMA CLYDE X SNEAKERSNSTUFF

PUMA CLYDE X UNDEFEATED
STRIPE OFF

TC LODGE

PUMA CLYDE X TOMMIE SMITH
MEXICO CITY PACK

SUEDE ANIMAL PACK

CLYDE SURVIVAL RED

CHASE - LONDON

CHASE - NEW YORK

FUTURE CLYDE LITE X UNDEFEATED

PUMA CLYDE X UNDEFEATED
NYLON EDITION

ECO ORTHOLITE

PUMA CLYDE X JEFF STAPLE
PIGEON

SCRIPT

PUMA CLYDE X YO! MTV RAPS

新百伦576（NEW BALANCE 576）

被时尚圈拯救的运动鞋

PUB PACK
城里人

574
孪生姐妹

20TH ANNIVERSARY
20周年纪念款

走上神坛

58

每只鞋需用58个部分才能缝制而成。

法瑞尔·威廉姆斯

美国歌手，在与阿迪达斯签署代言协议之前，是新百伦576这款鞋的非正式品牌大使。

欧洲制造，深受时尚圈和40多岁的时尚人士推崇，这款运动鞋可谓是时髦人士的基础配置，但是在其最初推向市场时，却完全是一副命运多舛的样子。

弗林比是位于英国西海岸的一处小村庄，居民人数在2000人左右。很难让人相信，就是在这里，在黑头羊群遍布、连绵起伏的绿色群山里，新百伦这家美国公司居然每年都会生产出130万双576运动鞋。但这款鞋于1988年首次上市时，却完全是一场彻头彻尾的失败。当时没有售出的所有库存都已经要被扔到废品堆里了，但随后却被一位德国实业家全部买了下来，他当时正在造访这家公司位于波士顿的总部。之后，新百伦576立即在德国获得成功，随后是在意大利和法国。在巴黎，造型师们既可以用海尔姆特·朗（Helmut Lang）的激进时尚，也可以用拉夫·劳伦（Ralph Lauren）的休闲奢华与这款运动鞋搭配在一起——当时还没有能够与新百伦的这款鞋相媲美的其他品牌运动鞋。从那以后，这款鞋一直保持着行销全球的势头，最好的年份销量曾达到1600万双。1998年，这款鞋又迎来了自己的一次新生，时尚杂志 *ELLE* 在当年的世界杯特刊封面登载的是三个超级模特的照片，她们身着足球运动装，脚蹬新百伦576运动鞋。对一个之前从来没有过女性品牌大使的运动鞋品牌来说，这是一次很不错的市场营销。21世纪初，在做出了几次令人怀疑的颜色选择之后，576的销量有所下降，但是新百伦576一直是时尚圈长盛不衰的一个主打产品。

576这款鞋只在英国生产，在美国生产的是其姊妹款574。

CROOKED TONGUES
英伦风情

WILL & KATE
皇家风范

CHINA MASK
北京奥运会特别款

时尚杂志ELLE封面上的新百伦
法国时尚杂志*ELLE* 1998年6月刊的封面。这让新百伦重新焕发出活力。

法瑞尔脚蹬新百伦，在舞台上激情澎湃

在签约阿迪达斯之前，说唱歌手法瑞尔·威廉姆斯在舞台上常常脚蹬一双新百伦574。这对新百伦来说，无疑是免费的广告。直到2013年，新百伦才签约加拿大网球运动员米洛斯·拉奥尼奇，自此有了自己的品牌形象大使。

新百伦576（NEW BALANCE 576）

ML574　　　　　　　　　　ML574APB　　　　　　　　　　M576BRM

ML574BL　　　　　　　　　　ML574CPR　　　　　　　　　　M574CVN

ML574FTG GREEN　　　　　　ML574GS　　　　　　　　　　ML576 FRANCE

ML576 THREE PEAKS PACK　　ML576 CHINA MASK　　　　　　ML576FC

M576MOD　　　　　　　　　ML576 TEA PACK - PEPPERMINT　　ML576PGT

34

走上神坛

ML576TPM	ML576RED	ML576PUN
WL574 NEON PACK - NED	WL574APP	WL574CPW
WL574RP	WL574SBS	WL574PBU
ML574RFO	M576KGS	M576TGY TEA PACK - EARL GREY
M576DNW	M576SRB	M576SGA 25TH ANNIVERSARY

35

盖世威 经典（K-SWISS CLASSIC）

五条酷酷的装饰条

2014

盖世威联手《绯闻女孩》中的演员艾德·维斯特维克，在这一年重新推出其复古版运动鞋。

CLASSIC
鞋侧5条、鞋头2条装饰条

CLASSIC LITE
帆布鞋面

LUXURY EDITION
更加舒适

36

走上神坛

在欧洲很少有人穿盖世威CLASSIC这款网球鞋，但是从20世纪60年代到70年代，在逐渐受到嘻哈界的喜爱之后，这款鞋就成了美国体育运动服装行业的一个顶梁柱。

没有任何一款运动鞋上的装饰条能够比盖世威鞋上的还要多：一共有5条，还不包括缝在CLASSIC鞋头上的那两条。CLASSIC是这个总部位于加利福尼亚的体育运动品牌的旗舰鞋款，1996年首次推向市场，当时的目标用户是网球运动员。尽管这几条装饰条有时候看上去就像是假冒的阿迪达斯运动鞋，奇怪的是，盖世威品牌却因这一独特个性，连同其亮白色的皮质鞋面和D形金属环鞋眼，在市场上大获成功。盖世威由两位瑞士兄弟阿特·布伦纳和厄尔尼·布伦纳创建。虽然最初的目标用户是网球运动员，但盖世威在喜欢有氧运动的美国孩子妈妈、国际化的平面设计师以及喜欢以运动鞋凸显个性的时髦人士当中也很有市场。歌手格温·史蒂芬妮以及为数众多的说唱歌手都曾经为其代言，说明这款鞋已经再次变得流行起来。也有人曾经对这款鞋是否足够牢固提出质疑，但在看过007电影《皇家赌场》开场时的那段跑酷镜头后，所有的怀疑立刻就烟消云散了，因为电影中的詹姆斯·邦德就是穿着盖世威运动鞋完成了那段令人瞠目结舌的跑酷镜头。

瑞士节奏
纽约说唱歌手卡西姆·迪恩在还是一个孩子时就被人取了这么一个绰号，因为他总是喜欢穿盖世威运动鞋。

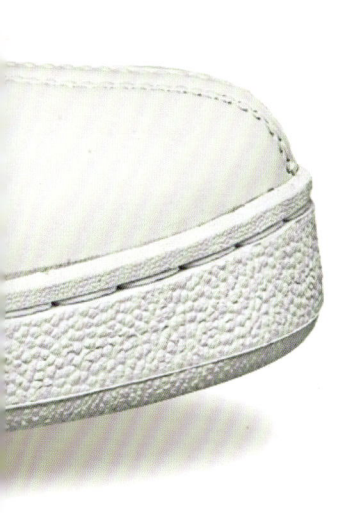

GOWMET
从网球到篮球

K-SWISS X PARTNERS & SPADE
极端限量版

ELEMENT PACK
如水一般荡漾

阿迪达斯 超级明星（ADIDAS SUPERSTAR）

说唱星球

75%

20世纪70年代早期，75%的NBA球员穿着超级明星这款鞋上场比赛。

RUN-DMC SUPERSTAR
传奇鞋款

LA PRO-MODEL
光顺高帮

CLEAN PACK
最洁静感受

走上神坛

这款嘻哈文化中的偶像级运动鞋,总是与说唱组合Run-DMC联系在一起,在2014年和2015年又完成了令人匪夷所思的回归。

阿迪达斯超级明星,是阿迪达斯的第一款低帮皮面篮球鞋,首次于1969年在篮球场上亮相,随后借助卡里姆·阿布杜尔·贾巴尔的优雅而达到了经久不衰的地步。而且这款篮球鞋还在15年之后成为嘻哈一族走上街头的标识——就像其他品牌的同类鞋款所做的那样。但是与阿迪达斯超级明星关联最多的说唱组合还是Run-DMC。1986年,这些纽约客们以一首《我的阿迪达斯》向他们喜爱的运动鞋致敬,并开创了鞋舌露出、不系鞋带这一流行风尚。在他们举办的音乐会上,观众们会将自己的超级明星运动鞋高举在空中并不停地挥舞。这款鞋上辨识度极高的橡胶材质贝壳形鞋头成了召集同路人的符号。阿迪达斯从皇后乐队的故事中觉察到了说唱歌手的商业潜力,所以与Run-DMC签署了一份价值100万美元的代言协议。Run-DMC说唱组合也因此成为历史上第一个不是来自体育界的体育服装品牌大使。20世纪90年代中期,超级明星的叛逆精神吸引了滑板爱好者,他们开始放弃范斯品牌。紧跟他们身后的是中学生,他们就像纽约的街舞男孩那样,脚上穿着超级明星并系上扁平鞋带。2005年,在超级明星上市35周年之际,阿迪达斯为不同的音乐人、艺术家和时尚设计师定制了35种不同的款式,10年之后,所有人都可以通过平台定制的方式获得自己的个性化鞋款。现在最受追捧的阿迪达斯超级明星鞋款是法国制造的,因为据说法国生产的这款鞋做工更为精细。

METAL TOE
金属鞋头

SUPERSTAR X PHARRELL WILLIAMS
来自玻利维亚的灵感

LUXE
流行奢侈

阿迪达斯 超级明星（ADIDAS SUPERSTAR）

RITA ORA X ADIDAS SUPERSTAR	BRONX	GOLF
OG BLACK	YEAR OF THE HORSE	RUN-DMC "MY ADIDAS"
CHINESE NEW YEAR	PHARRELL WILLIAMS X ADIDAS SUPERSTAR SUPERCOLOR PACK	CLOT X KAZUKI X ADIDAS SUPERSTAR ROYAL BLUE
BLOOD DRIP	NEIGHBORHOOD X ADIDAS SUPERSTAR	RITA ORA X ADIDAS SUPERSTAR O RAY PACK
GRAFFITI PACK	JAMES BOND	 UNION X ADIDAS SUPERSTAR

走上神坛

KERMIT THE FROG

WATERMELON

RUN-DMC X KEITH HARING X ADIDAS SUPERSTAR

RITA ORA X ADIDAS SUPERSTAR

TRIBE (BLUE SNAKE)

3-WAY

STAR WARS X CLOT X ADIDAS SUPERSTAR DARKSIDE STAR

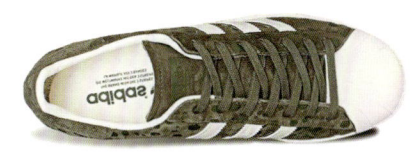

DOT CAMO PACK

MADE IN FRANCE

SUPERSTAR BY NIGO

XENO

PHARRELL WILLIAMS X ADIDAS ORIGINALS SUPERCOLOR PACK

FOOTPATROL X ADIDAS SUPERSTAR

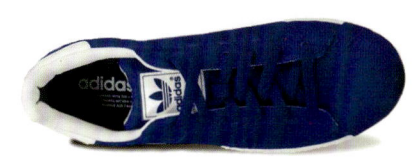

NYLON PACK - TEAL ROYAL

OG RED

波尼 顶级明星(PONY TOP STAR)

时尚的牺牲品

TOP STAR X COLETTE
法式触感

TOP STAR X MARK MCNAIRY
前进的勇气

TOP STAR X DEE & RICKY
炫酷

走上神坛

波尼顶级明星这款运动鞋在20世纪70年代可谓是美国人的篮球鞋,现在则成为收藏家们追逐的目标。

我们常常忘了这样一个事实,即在1992年巴塞罗那奥运会的梦之队以及随后的疯狂年代出现之前——那时候运动鞋的销量已经一飞冲天——美国的篮球运动在美国篮球协会(ABA)带领下曾经有过一段更早的黄金时代。美国篮球协会创建于1967年,9年后被NBA吞并。正是在ABA职业联赛中,其指定赞助商波尼于1975年推出了顶级明星这款运动鞋。当时这款鞋有皮革和绒面两种,众多的特许经营商以各种不同的颜色制作。非洲风格篮球运动员的跳跃借助于这款运动鞋可以获得更好的缓冲,他们总是把白色的袜子拉到膝盖的位置。随后,顶级明星这款鞋逐渐被纽约市上城区的孩子们所接受,而这些孩子最终喜欢上了波尼运动鞋中的上城区(Uptown)和都市之翼(City Wings)这两款鞋——毫无疑问,这两款鞋中有与他们相似的基因代码,那时候已经是20世纪80年代了。顶级明星最后连同波尼这个品牌一起消失,被耐克和其他品牌排挤出局,只能够在一些折扣店里看到这款鞋的踪影了。

2001年波尼品牌再次出山,这次是与时尚设计师和小众商店(如 Dee & Ricky、Mark McNairy、Colette 等)合作,以保持这个品牌的新鲜度和年轻感。

TOP STAR LOW
低调行走

TOP STAR X FOOTPATROL
英伦范

TOP STAR X MADE IN BROOKLYN
街舞男孩

耐克 乔丹系列（NIKE AIR JORDAN）

美丽的反叛

AIR JORDAN 1 (SECOND VERSION)
专为NBA配色

AIR JORDAN 6 INFRARED
无从寻觅了

AIR JORDAN 2
意大利出品

走上神坛

乔丹1号最初因配色被NBA禁止使用，但是却成为20世纪80年代中期颠覆运动鞋文化的众多运动鞋中的先锋。

1.26 亿美元

这是乔丹1号推出1年之内所带来的销售收入。耐克原来的预期是在4年的时间里"仅仅"获得300万美元的收入。

"如果要去一个荒凉的岛上，你会带什么样的鞋？"若让一位运动鞋的狂热爱好者来回答这个问题，那么他/她很可能会立即回答"乔丹！"而如果要在29种鞋款里选一种——其中的每一款都曾经有十几种不同的版本——那么他/她的回答会是"当然是第一款了！"由于穿在了一位魅力十足的天才脚上，所以这款鞋成为我们这个星球上最受尊崇的运动鞋，是等同于信仰的一种存在。就是这样一款鞋，当初几乎被扼杀在摇篮当中。

首先，这位芝加哥公牛队的球员在第一次看到这款鞋时自己就很抗拒。他这样评价："穿上这双鞋我会像个小丑！"在此之后，主要的障碍来自非常死板的NBA。因为当时NBA明确规定，球鞋上至少必须有白色，所以这款全部由红色和黑色组成的运动鞋遭到了禁止。这一障碍原本可以让乔丹1号半路夭折，但是这一禁令却提供了一次最佳的市场宣传机会。迈克尔·乔丹每穿一次这款被禁的运动鞋上场，耐克就要支付5000美元的罚款。正因为如此，消费者很快就被成功地转化了过来。其实在此之前耐克已经有一款乔丹的运动鞋"飞艇"（Air Ship）被禁了，这一次耐克决定再赌一次。他们通过一段充满激情的电视广告大声宣告，"NBA可以把鞋扔出篮球场，但是却无法阻止我们穿这双鞋。"这一波广告攻势的结果，后来我们大家都知道了。

560 000 美元

这是一双乔丹1号的拍卖价格（带乔丹签名），于2020年5月17日在索斯比拍卖行成交。这无疑是一个新的世界纪录。

AIR JORDAN 3 INFRARED
汀克·哈特菲尔特设计

AIR JORDAN 7
出镜率最高

AIR JORDAN 18
惊鸿一现

耐克 乔丹系列（NIKE AIR JORDAN）

关于乔丹的20组统计数据

这位历史上的最佳篮球运动员，毫无疑问也是有史以来最吸金的运动员。让我们透过这些数字来一窥究竟吧。

个人资产

17亿美元
迈克尔·乔丹40年时间里在篮球场外所获得的总收入，主要来自他为耐克、可口可乐、麦当劳、雪佛兰等公司的代言费用。

1亿美元
这是2017年一个赞助商向迈克尔·乔丹提出的邀约报酬，只需要参加一次为时两个小时的活动，但被他婉拒了。

1001
这是迈克尔·乔丹在2020年福布斯全球富豪榜上的排名。

3亿美元
这是迈克尔·乔丹在卖掉他所持有的NBA球队"夏洛特黄蜂队"的部分股份后所获得的收入，他一直是这个球队的大股东（持股70%）。

9400万美元
在其NBA的15个赛季中（13个赛季效力芝加哥公牛队，两个赛季效力华盛顿奇才队），迈克尔·乔丹作为篮球运动员的税前总收入。

1.45亿美元
2019年耐克支付给迈克尔·乔丹的报酬。

34 246美元
这是"美国商业内幕"网站计算出的迈克尔·乔丹 每小时的收入。

21亿美元
根据福布斯2020年5月估算得出的迈克尔·乔丹的个人财富。

乔丹系列

65 美元
1985年一双乔丹1号的价格。

450 000 美元
乔丹1号在美国首次投入市场后，不到一个月的时间里所销售的总金额。

95%
耐克和乔丹运动鞋在易贝网二手运动鞋市场上所占的份额。

145 美元
2020年一双乔丹系列运动鞋的平均价格。

812 美元
乔丹1号High×Fragment联名款在易贝网上的平均价格。

3600 万美元
乔丹X "Powder Blue"（蓝粉）在2014年的一天之内所带来的营业额。

5 000 美元
1985年迈克尔·乔丹每一次穿着乔丹1号在NBA赛场上比赛所支付的罚金。

35 000 美元
迈克尔·乔丹在芝加哥公牛队最后一个赛季（1997—1998）所穿的一条短裤和一件运动衫的价格。

3 小时
2014年12月20日，乔丹XI "Legend Blue"（传奇蓝）的所有库存全部售罄所用的时间，总价值8000万美元。

乔丹品牌

31 亿美元
耐克公司乔丹品牌在2018—2019年度的总收入，比前一年度增长了10%。

58%
乔丹品牌在美国篮球鞋市场所占的份额。

1 600 美元
乔丹与其他三位NBA球队老板共同推出的最贵的一瓶优质龙舌兰酒的价格。

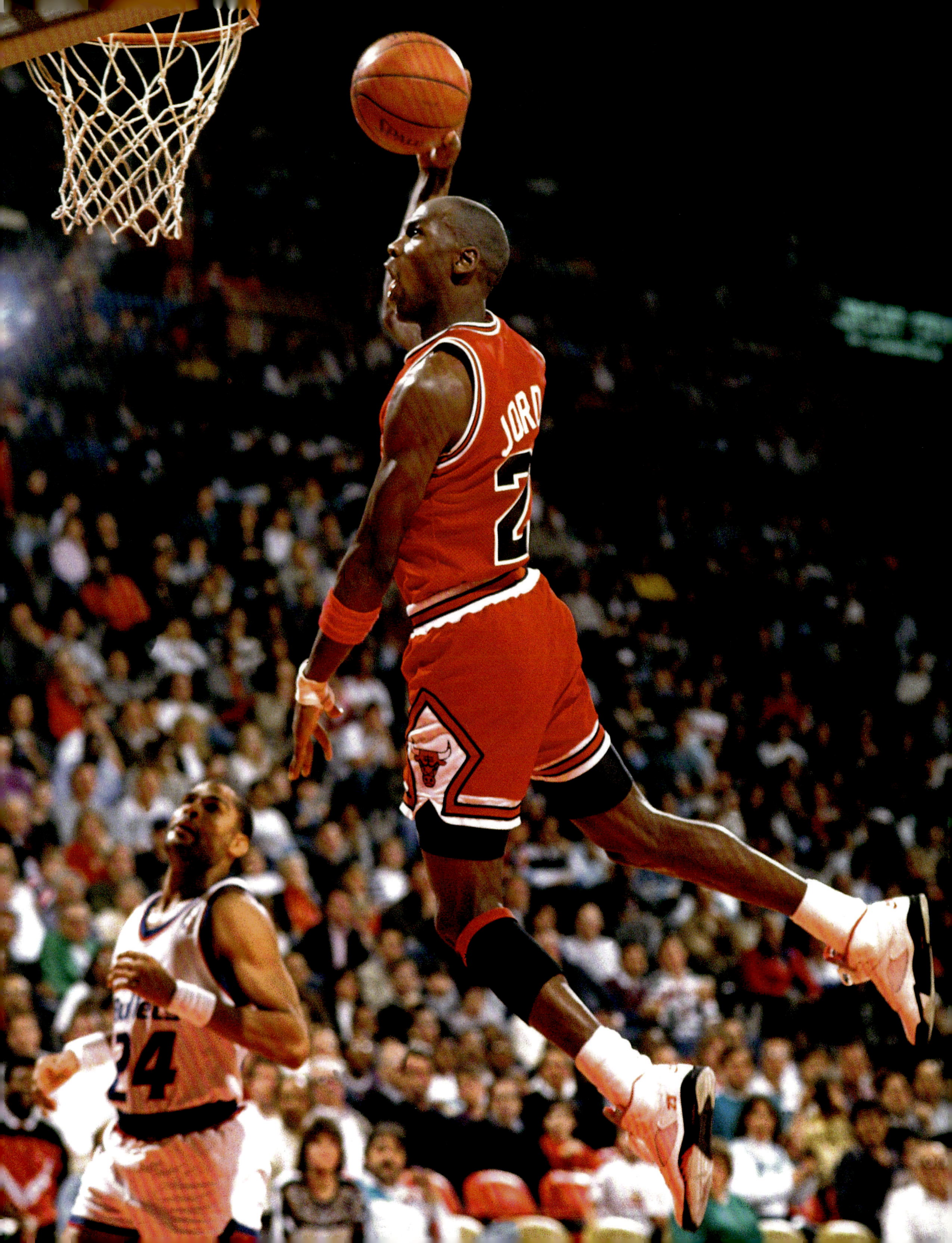

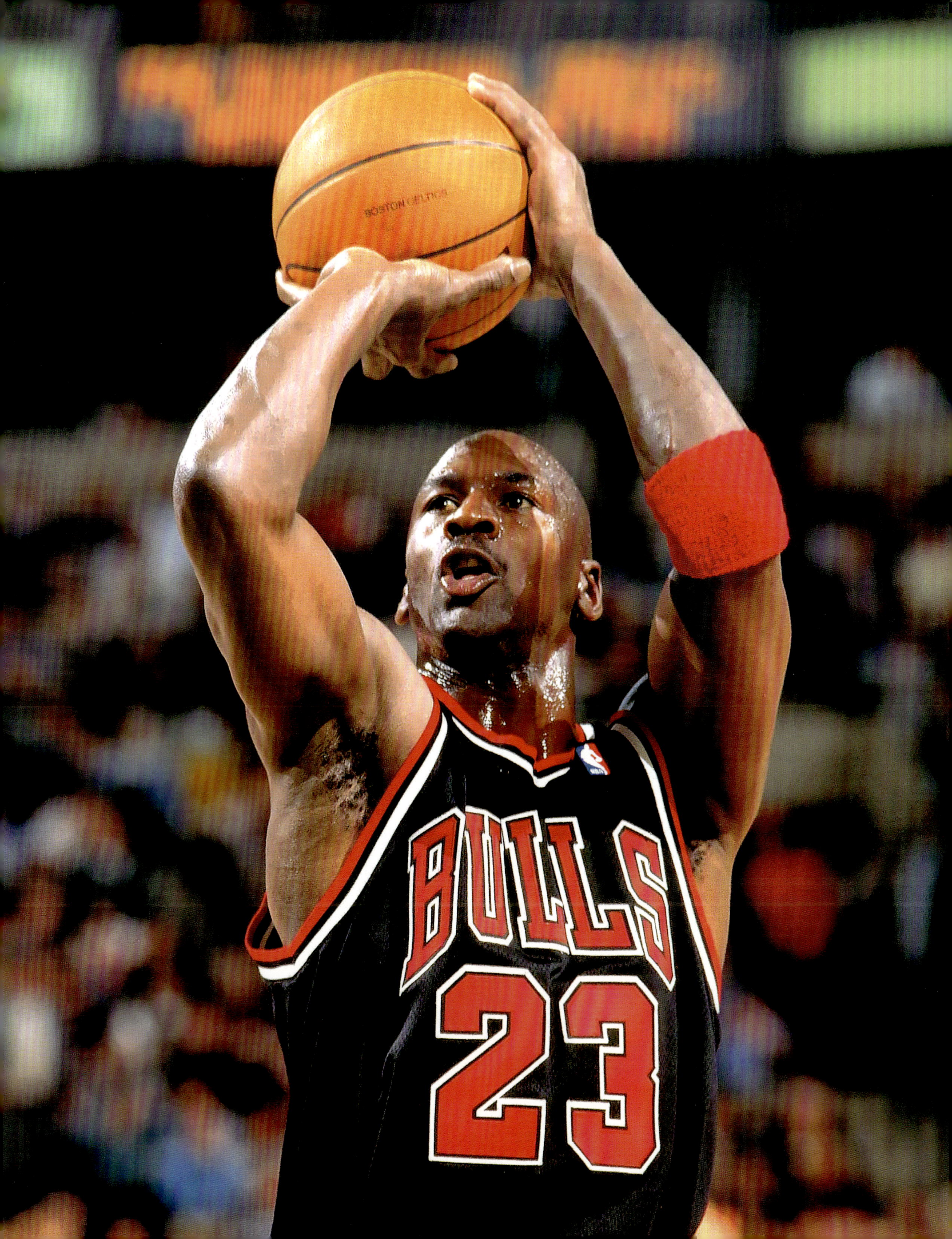
BOSTON CELTICS
BULLS
23

耐克 乔丹系列（NIKE AIR JORDAN）

AJ 1 JAPANESE	AJ 5	AJ 3
AJ 9	AJ 6	AJ 8
AJ 19	AJ 10	AJ 14
AJ 12	AJ 13	AJ 11 BRED
AJ 1 2015	AJ 29 YEAR OF THE GOAT	AJ 5 X MARVEL CAPTAIN AMERICA

走上神坛

AJ 4	AJ 20 FUSION	MELO M10 BHM
AJ 23	AJ 8 SUGAR RAY	AJ 1 WINGS FOR THE FUTURE
AJ 14 FERRARI	AJ 15	AJ 26
AJ 5 DOERNBECHER	AJ 22	AJ 17
AJ 5 OREO	AJ 8 AQUA	AJ 16

彪马 逍遥骑手（PUMA EASY RIDER）

穷尽慢跑之路

**2008年
10月25日**
逍遥骑手机洗限量版面世。

EASY RIDER
创新的抓地力

FAST RIDER
逍遥骑手的大姐

EASY RIDER III
新生代

走上神坛

彪马的第一双慢跑鞋给20世纪70年代的慢跑运动带来了一次天翻地覆的变化。

夏威夷神探

在电视连续剧《夏威夷神探》中，逍遥骑手这款鞋给汤姆·赛立克夏威夷风格的装扮增色不少。

1978年，正是慢跑运动的热潮最为高涨的时候，当时大约有2600万美国人参与其中，彪马将自己的快骑手（Fast Rider）和逍遥骑手（Easy Rider）这两款鞋推向了跑步市场。这两款姐妹款跑鞋兼具柔软舒适和结实牢靠的优点，鞋底布满了细小的防滑钉。这是一个重大的技术创新并在之后被其竞争对手纷纷效仿。这种独创性的鞋底既可以更好地吸收冲击力、提高鞋的抓地力，同时还有助于在湿滑的地面防滑和防止摔跟头，让跑步者可以脱离平坦路面，向更为崎岖、更为湿滑的地形挺进。

RS 100

逍遥骑手的小妹，于1986年上市。

整洁的外形加上细小的防滑钉，让逍遥骑手这款鞋受到美国西海岸跑步者的极度青睐，他们往往在穿这款鞋时配一双可以直接拉到膝盖的长筒袜以及一条开衩短裤。2008年这款鞋以逍遥骑手III的名字再次推出后，立即受到时尚达人、街头高尔夫球手、死飞自行车手的追捧。这款鞋的生命就此得到了一次美丽的重生。

PUMA RS 100
高科技版

MACHINE WASH
20世纪70年代的妙龄款

EASY RIDER BLUE AND YELLOW
死飞风格

鬼冢虎 墨西哥（ONITSUKA TIGER MEXICO）

银幕之星

MEXICO 66 YELLOW AND BLACK
李小龙的钟爱

TAI-CHI
《杀死比尔》

RIO RUNNER
后续版本

走上神坛

得益于李小龙电影《死亡游戏》的影响,首款带有这个日本著名品牌标识的短跑运动鞋得以长盛不衰。

1951

这一年,鬼冢虎的第一款运动鞋助力田中茂树赢得了波士顿马拉松比赛的冠军。

这款鞋于 1966 年由日本制鞋名匠鬼冢喜八郎设计,两年后,即 1968 年,日本田径队的运动员们穿着这款鞋来到了在墨西哥举办的奥运会赛场。鬼冢虎这个品牌也由鬼冢喜八郎创建,并在 1972 年成了后来著名的亚瑟士。鬼冢虎 Mexico 这款鞋的皮革极薄,与短跑运动员的步幅可以做到十分贴合,而其最为显著的特点是其鞋侧的一组"条纹",也是首次出现在鞋面上。这一年,鬼冢虎的第一款运动鞋助力田中茂树赢得了波士顿马拉松比赛的冠军。与这个品牌的虎头标识相呼应的,是力量的象征。10 年之后,李小龙在电影《死亡游戏》里穿着一双鬼冢虎的黄黑配色的运动鞋,以空手道大败卡里姆·阿布杜尔·贾巴尔。这一镜头给电影人昆汀·塔伦蒂诺留下深刻的印象,随后在他的电影《杀死比尔》(2003/2004)中,乌玛·瑟曼就穿了一双鬼冢虎黄黑配色的太极款鞋(在武术中常被采用)。

V

李小龙脚上的鬼冢虎 Mexico 鞋款给耐克的一款鞋带来了设计灵感,那就是疾驰科比五代(ZOOM KOBE V)。

鬼冢虎 Mexico 的辨识度很高,因为在鞋跟顶部有一个"小舌头",尽管这款鞋有时会与极限 81(Ultimate 81)混淆。后者是一款与其相似的运动鞋,鞋面带部分网眼,具有华夫风格。

MEXICO 66 ESPADRILLE
海滩专用

MEXICO MID RUNNER
高帮款

ZOOM KOBE V
来自耐克的致敬

55

耐克 气垫鞋（NIKE AIR MAX）
可视化气垫

2013

这一年，耐克以重新发布第一款的方式再次推出耐克Air Max。

AIR MAX 180
180°可视气垫

AIR MAX 95
前掌气垫首次外露

AIR MAX 97
贯穿鞋底的气垫

走上神坛

通过可视窗口将气垫的秘密暴露在外，耐克Air Max运动鞋充分证明了设计和技术可以成为一对很好的搭档。

亮红色的灵感同样来自蓬皮杜艺术中心。

1986年，耐克AirJordan之父、设计师汀克·哈特菲尔德第一次来到法国蓬皮杜艺术中心参观。他为这个博物馆极富戏剧性的设计而感到震撼，自动扶梯和通风管都安装在建筑物的外面，以节省建筑物的内部空间，其中自动扶梯包裹在透明的管道当中，而通风管则涂上鲜艳的颜色。

这种设计给他带来了灵感，使他有了让运动鞋的减震系统可视化的好主意。这个减震系统的名字叫作"气垫"，但是对于普通消费者来说却由于无法看到而很难理解。1987年3月26日，采用红白两色的第一款Air Max正式推出，鞋跟下面透明的塑料管就像一个窗口，让人们对这项一直以来十分抽象难懂的技术一目了然。但是好处还不仅限于此，这种设计给运动鞋市场带来了极大冲击。正如所预料的那样，耐克气垫鞋的奇迹应运而生，并通过数十种可以载入设计史册的变化而实现了长盛不衰。

2006年，耐克御用设计师很久之前的那个梦想——完全可视化的鞋底——终于通过Air Max 360这款鞋实现了。这款革新性的气垫鞋首先在20世纪90年代和21世纪初得到了嘻哈青年的追捧，时尚达人们在2013年也加入了这个行列，而他们的这一转变主要源自菲比·菲洛（Phoebe Philo）时装秀的最后阶段，当时设计师迈着猫步走上T台时，脚上穿的就是一双耐克Air Max OGs，这让前排就坐的观众们不禁目瞪口呆。

180

这是耐克Air Max在1991年上市时的名字，将减震中底以180°的视角展现在大家面前。

AIR MAX 2015
新版再现

AIR MAX TN
绰号鲨鱼

AIR MAX SKYLINE
大力士

57

运动鞋的鞋底（SNEAKERS' SOLES）
不啻是一场革命

鞋底是运动鞋的关键。在这里，让我们来见识一下那些与鞋底相关的重要发明。

1917
橡胶
匡威

体育运动行业第一个伟大的技术革新让篮球运动员尽量避免了在场上滑倒的风险。

1946
[1] 通气装置
春苑

在第一款专为网球运动员设计的胶粘橡胶鞋底运动鞋G1问世10年之后，春苑在鞋上打出了8个通气孔，同时增加了一个可取下的鞋垫。

1974
华夫格
耐克

耐克创始人之一比尔·鲍尔曼构思出了这一引人注目的鞋底设计，既提高了运动员的成绩，又彻底改变了未来运动鞋的设计。

有一天，正处在荣耀巅峰的迈克尔·乔丹解释说，他在NBA球场上的出色表现靠的不是他所穿的鞋的质量，而是他自己穿上这些鞋之后的努力。这也从一个侧面给大家争执不休的问题下了结论，问题是：一项技术创新真正的好处到底在哪里？收益的程度又有多大？这是体育服装生产商们自20世纪90年代早期以来一直纠缠不清的问题。而在行业内部，这场争论的核心就是鞋底，这也是大部分研发项目主要针对的目标，各大品牌都在努力提高自己所生产的运动鞋鞋底的柔韧性、性能以及减震能力。而持怀疑观点的人则将其视为市场营销噱头，甚至是欺诈。这也是赤脚跑步运动倡导者们所持的观点，而这场运动背后的支持者包括哈佛大学的学者们，他们认为超级减震的运动鞋会怂恿人们用后脚跟先着地，从而削弱人类与生俱来的自然步幅（即用前脚掌踏击地面）。这是一个很难说通的道理，运动足科的大夫则都会坚持防震鞋的重要性。而且运动鞋制造商会持续不断地推出一个又一个的创新。你看到过有哪一年没有任何新的、"革命性"的设计进入到运动鞋商店的跑鞋架子上吗？这毕竟是一个古老而又利润丰厚的行业。

走上神坛

1

1975
EVA泡沫
布鲁克斯

乙烯-醋酸乙烯酯（更为人知的名字是泡沫橡胶）于1950年面世。这种材料既轻便柔韧又能减震，被美国品牌布鲁克斯首次运用在其跑鞋上。

1979
[2] 气垫系统
耐克

EVA泡沫加上气垫，置于耐克Tailwind这款鞋的鞋底，极大提高了舒适度。由于无法看到气垫，所以普通大众很难理解这一技术。直到1987年在耐克Air Max上引入了同样著名的窗口，这个问题才得到解决。

1980
费德班鞋钉
彪马

V形橡胶费德班鞋钉（Federbein Cleat）提供了更好的抓地力，大大提高了鞋的减震性能。

2

运动鞋的鞋底（SNEAKERS' SOLES）

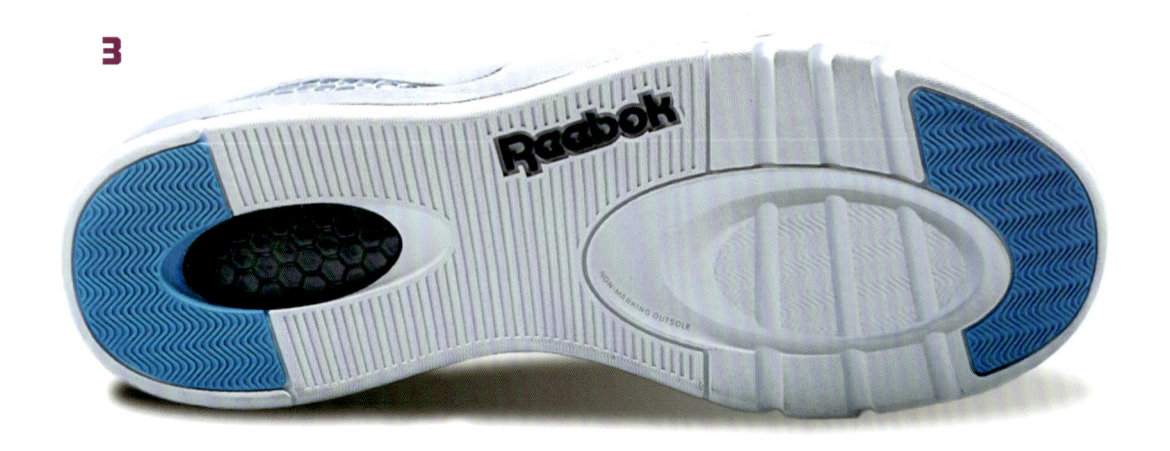

3

1987
减震胶
亚瑟士

从1986年开始，亚瑟士的减震胶设计采用硅树脂材质，将脚冲击地面所产生的冲击波转换为有用的能量。

1987
[3] 蜂窝结构
锐步

锐步给这种蜂窝结构所起的商业名称是"蜂巢气垫"（Hexalite），一种置于鞋跟下面和前脚掌下面的减震系统，可通过气泵调节。发展到1990年，这种结构的效果是EVA的4倍。

1988
扭力条
阿迪达斯

置于鞋底的扭力条（黄色）改善了鞋跟和前脚掌之间的能量传递，同时也实现了更高的稳定性。

4

走上神坛

5

1988
[4] 便鞋
新百伦

Encap技术，即由聚氨酯材质的外层包裹EVA核心，让穿着新百伦便鞋(Slipper)的人即使远离舒适之地，其独特的穿着体验依然舒适不减分毫。

2000
减震管
耐克

耐克的减震管系统名叫"减震器"(Shox system)，是其耗时15年的研发结晶，直接受到了凯迪拉克的启发。减震器将脚下压时所带来的能量利用起来，为运动员提供了一定程度的"回弹"力。

2012
[5] 助推器
阿迪达斯

"助推器"技术由一组微胶囊组成，得益于阿迪达斯与巴斯夫公司（BASF）共同研制的一个新的化学反应过程。装有助推器的鞋底在-20℃至40℃之间能够维持同样的抓地力度，可以在减震的同时将冲击能量加以回馈，在脚冲击地面的同时完成一次自生式的力量助推。

5

耐克 气垫鞋（NIKE AIR MAX）

90 BLACK	MOIRE	3.26
93 JADE STONE DARK DUNE	90 ULTRA	1 CAMO - BERLIN
1 SUP QS "TROPHY"	DQM X NIKE AIR MAX 90 "BACON"	TAPE (WOMEN)
THEA	TAPE (MEN)	1 EM "BEACHES OF RIO"
REFLECT COLLECTION	180	90 GS HYPER GRAPE PURPLE PINK

62

走上神坛

4TH OF JULY - BLUE	4TH OF JULY - RED	4TH OF JULY - WHITE
90 TAPE INFRARED	HIGH	H₂O PROOF
1 FB YEEZY	ULTRA	HYPERFUSE
REFLECT COLLECTION	HOME TURF	AIR MAX X LIBERTY
SUNSET	AIR MAX X FLAVIO SAMELO	1 VT QS

63

阿迪达斯 美利坚 高帮 88（ADIDAS AMERICANA HI 88）

反叛的标签

LOW
都市酷风

SUEDE
外柔内刚

BLACK
雷鬼乐风格

64

走上神坛

篮球界的豪门贵族最终屈尊就驾到摇滚音乐会和电声舞池当中。

美利坚高帮 88 这款鞋是阿迪达斯在 1971 年为美国篮球协会（ABA）开发的，所以鞋上带有这个联盟特有的红色和蓝色。美国篮球协会最终在 1976 年与 NBA 合并。

篮球迷们对于这款鞋已经到了狂热的地步，对其帆布鞋面（1975 年转为皮革）以及鞋舌上庄严的标识喜爱有加。

10 年之后，这款鞋的"小妹"超级明星（Superstar），在嘻哈音乐节上大受追捧，但是美利坚这款鞋却在其他音乐圈里找到了自己的拥趸：重金属摇滚乐迷。他们喜欢用这双鞋与弹力纤维长裤和网眼背心搭配在一起。而在迪斯科舞厅，特别是轮滑厅，他们会把四轮滑板绑在阿迪达斯的这款鞋上。阿迪达斯的美利坚（Americana）是一款既耐穿又耐磨的运动鞋，只需几个月的时间就可以从完美的崭新状态变为真正的饱经风霜，但是它的酷却丝毫不减。这款鞋从 20 世纪末期以来曾经有限地再次推出过，现在成为法国室内电子艺术家们的最爱，如佩德罗·温特（Pedro Winter）和正义乐队（Justice）等，在巴黎和柏林的平面设计师圈子里也很受欢迎。

15 分钟

这是售出100双由法国代理商BKRW重新设计的阿迪达斯美利坚所用的时间。

BLUE AND GOLD
雅致

METALLIC
2014新款

AMERICANA VULC
滑板风格

乐卡克 阿瑟·阿什（LE COQ SPORTIF ARTHUR ASHE）

卓尔不群

1983

这一年，Noah Comp上市，外形与阿瑟·阿什极为相似。

MADE IN FRANCE
法式精致

NOAH COMP
小妹款

PREMIUM
别致

走上神坛

这款鞋完美地诠释了其拥有者、美国网球运动员的独特风格：优雅、流畅、低调。

这款蓝色刺绣装饰加白色皮革材质的运动鞋一共生产了55双。

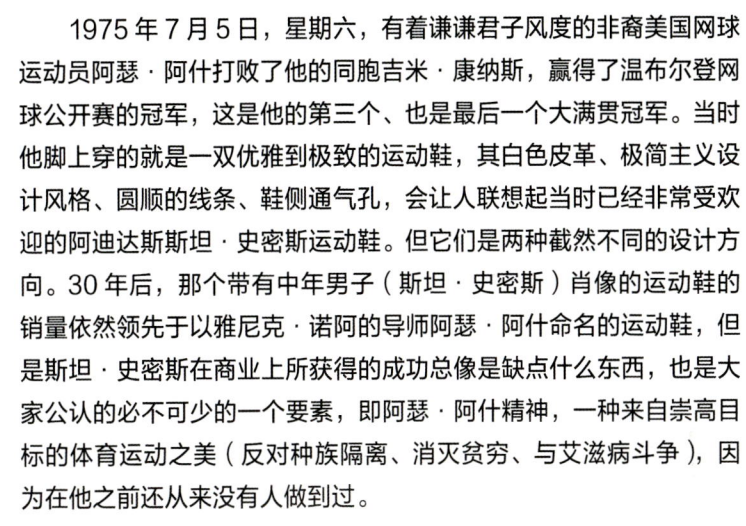

1975年7月5日，星期六，有着谦谦君子风度的非裔美国网球运动员阿瑟·阿什打败了他的同胞吉米·康纳斯，赢得了温布尔登网球公开赛的冠军，这是他的第三个、也是最后一个大满贯冠军。当时他脚上穿的就是一双优雅到极致的运动鞋，其白色皮革、极简主义设计风格、圆顺的线条、鞋侧通气孔，会让人联想起当时已经非常受欢迎的阿迪达斯斯坦·史密斯运动鞋。但它们是两种截然不同的设计方向。30年后，那个带有中年男子（斯坦·史密斯）肖像的运动鞋的销量依然领先于以雅尼克·诺阿的导师阿瑟·阿什命名的运动鞋，但是斯坦·史密斯在商业上所获得的成功总像是缺点什么东西，也是大家公认的必不可少的一个要素，即阿瑟·阿什精神，一种来自崇高目标的体育运动之美（反对种族隔离、消灭贫穷、与艾滋病斗争），因为在他之前还从来没有人做到过。

这段时间阿瑟·阿什运动鞋已经成了一种珍稀物品，销量更少了，但是却进入了高端市场。有一个例子可以说明这一点：其2015年全白色法国制造的运动鞋，采用Roux制革厂（高级时装设计工作室的专有供应商）的全粒面革制作而成，共136双，全部由位于法国东南伊泽尔河畔的罗马镇上的工坊制造，这里是奢侈品鞋业的大本营。

235
阿瑟·阿什这款鞋在2015年重新上市时的美元价格。

COLETTE
极端限量版

CRAFTED SUEDE
城市男人

PYTHON
顶级设计

乐卡克 阿瑟·阿什（LE COQ SPORTIF ARTHUR ASHE）

格调的化身

阿瑟·阿什，这位和善优雅的运动员，同时又是伟大事业的推动者，其脚上所穿的运动鞋正如同他本人的风格：简单而时尚。

　　阿瑟·阿什是一位时尚男，而且是如假包换的时尚男。从1968年到1980年，在其整个网球运动生涯中，阿瑟·阿什的行为举止都非常优雅并富有教养，在他所参加的每一场比赛中，这位美国运动员给大家留下的印象都是镇定和完美的自控能力。而这种出色的表现自然而然地被带到了网球场外，尤其是在他的穿着方面。雅尼克·诺阿回忆说："阿瑟的身上有一种令人难以置信的格调，要远远高于其他人。"雅尼克是法国网球界的传奇，在喀麦隆的雅温得巡回赛上曾经与阿瑟·阿什有过几次交手，随后就被这位美国网球冠军收入麾下。雅尼克接着说道，"我不知道他是怎么做到的，但是他总是能够与众不同。他穿什么服装都很得体，从皮大衣到最不可思议的格子衬衫。但是他让我最无法忘记的一件事情，是他令人难以置信的善良。"天资聪慧、举止优雅的阿瑟·阿什还有另外一个优秀的品质，即宽宏大量。这位4次戴维斯杯冠军和3次大满贯冠军曾经代表种族隔离政策下的南非黑人参加抗议活动，反对美国政府针对海地难民而采取的限制措施。他还是第一批支持对艾滋病展开研究的知名人士。他本人就由于一次输血而感染上了艾滋病毒，并于1993年2月6日死于肺炎，年仅49岁。

阿瑟·阿什在1969年的一场比赛中。乐卡克用带有他名字的一款运动鞋对这一经典动作致敬。

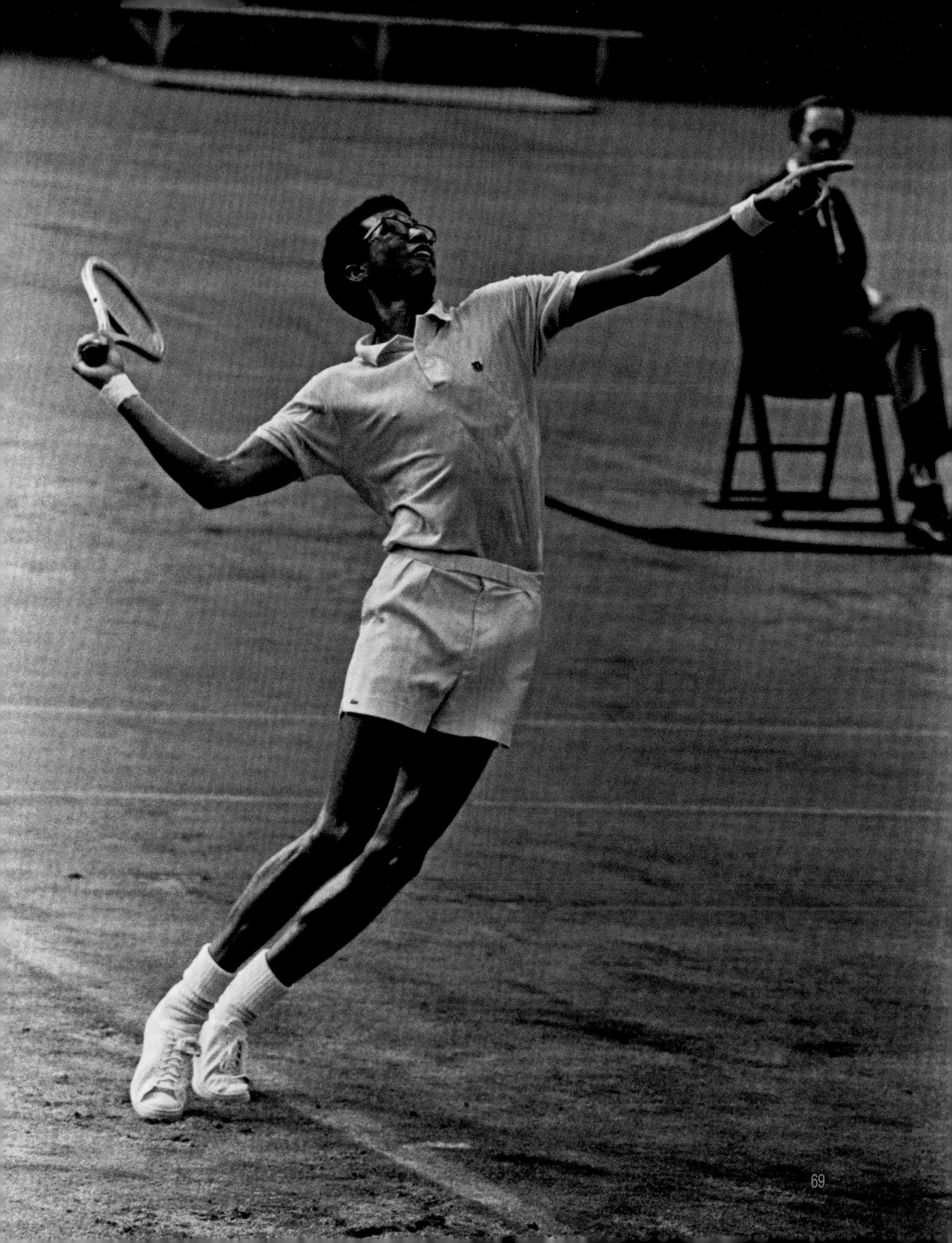

锐步 气泵鞋（REEBOK PUMP）

运动中的科学

蜂巢气垫

将蜂巢结构的减震系统置于气泵鞋跟下的一种技术。

BRINGBACK
史上经典

OMNI LITE DEE BROWN
扣篮明星

OMNI ZONE
流行风

走上神坛

英国运动鞋品牌的这一技术在长时间内无法得到大众认可，最后却在几位疯狂的NBA扣篮手中得到了拯救。

1991年 2月9日

借助波士顿凯尔特人队后卫迪·布朗在NBA全明星扣篮大赛中所取得的胜利，锐步气泵鞋实现了其走上荣耀舞台的第一次起跳。

每个人听到这个主意的第一反应都是哈哈大笑：通过鞋舌上的气泵给气垫充气，从而对脚进行包裹——这听上去确实既过分又不靠谱。发布于1989年的这一技术，锐步气泵系统，恰好处在运动鞋行业的技术创新达到癫狂的高峰阶段（耐克气垫、阿迪达斯扭力条、彪马圆盘等），由于普通民众对于这项技术难以理解，所以气泵鞋的最初售价只有令人瞠目的170美元，销售前景不是很乐观。几个月后，在疯狂扣篮手多米尼克·威尔金斯的影响下，这款鞋的销量终于开始有了起色。不仅如此，这位扣篮高手还让整整一代人对这个小小的橘黄色篮球形状的气泵顶礼膜拜。1991年随着张德培"球场胜利"（Court Victory）这款鞋的推出，气泵鞋这个概念成功进入了网球界，1989年张德培刚刚获得法国网球公开赛的冠军，并是唯一能够成为安德烈·阿加西对手的网球运动员。当时阿加西的耐克可视气囊运动鞋"挑战"(Air Tech Challenge)已经在校园里和大街上随处可见。耐克一直没有忘记这个压箱底的热门运动鞋，并于2009年再次推出了纪念其20周年的特别款。对于那些20世纪80年代过来的人来说，气泵鞋依然能够唤起他们强烈的情感，也许还带有一丝怀旧的忧思。

26

这是自1989年以来问世的气泵鞋款式的数量。

INSTA PUMP FURY OG
见怪不怪

COURT VICTORY OG
为张德培设计

TWILIGHT ZONE
大号款

锐步 气泵鞋（REEBOK PUMP）

REEBOK PUMP X ATMOS	PUMP 25TH ANNIVERSARY X BODEGA	TWILIGHT ZONE DOMINIQUE WILKINS
PUMP FURY X GARBSTORE	PUMP FURY X CONCEPTS	PUMP FURY X ATMOS
REEBOK PUMP X MAJOR DC	PUMP 25TH ANNIVERSARY X MITA SNEAKERS	REEBOK PUMP X ARC SPORTS
PUMP COURT VICTORY X ALIFE	PUMP OMNI LITE X MELODY	PUMP TWILIGHT ZONE
PUMP 25TH ANNIVERSARY SNEAKERSNSTUFF X PUMP	OMNI ZONE 2	OMNI LITE DEADPOOL X MARVEL

72

走上神坛

PUMP REVENGE	TWILIGHT ZONE PUNSCHROLLS	PUMP AXT
SHAQ ATTAQ	ERS	ERS
AEROBIC	OMNI LITE KEITH HARING	BLACKTOP BATTLE GROUND
REEBOK PUMP FURY X GUNDAM	 PUMP FURY BLUE	PUMP FURY X SANDRO
REEBOK PUMP X LA MJC X COLETTE	PAYDIRT	 PUMP 20TH ANNIVERSARY X SOLEBOX

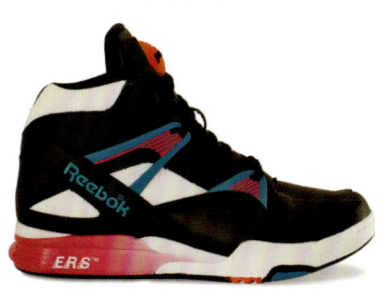

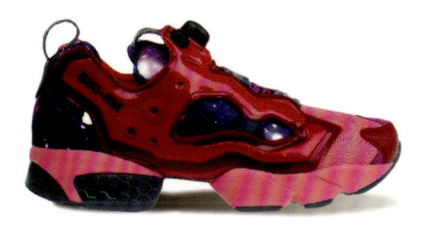

斐乐 健身（FILA FITNESS）

偷天换日

FITNESS LOW
低帮款

PEACH STATE
致敬桃州

FITNESS RED
人见人爱

走上神坛

在意大利人对于锐步自由式运动鞋的反击当中，斐乐借用了对手品牌在20世纪80年代后期的一些思路。

斐乐是一家意大利服装公司，1911年在意大利比耶拉创立。在其成功涉足体育运动服装领域——代言人是瑞典网球运动员比约·博格——15年之后，斐乐在1988年推出了该品牌的第一款运动鞋，并为之取了一个恰如其分的名字叫作健身，这无疑是借势于火遍20世纪80年代的健身热潮。斐乐的这款鞋外形流畅，鞋头带有细小的通气孔，并配有踝带，看上去就像是两款鞋的混血后代——一个是锐步自由式，融合了健身馆和有氧运动馆的风格；另外一个是1987年上市的Ex-O-Fit，即男款的自由式。尽管有着明显的抄袭痕迹，斐乐健身这款鞋的魅力和灵动依然让其大获成功（尽管从来没有达到锐步那几款神坛级运动鞋的流行高度），此外还有来自酷风大师、歌手弗莱士·戈登的推动，他的单曲《我的斐乐》登上了流行歌榜单。那款白色鞋面带海军蓝鞋底的设计随后成为斐乐的最畅销运动鞋，而全橘黄色的那款却成为全欧洲必买运动鞋之一。1990年，这款鞋的设计又成为另外一款鞋设计的基础——徒步者（Hiker），这款鞋所针对的人群与鞋的名字保持了完美的一致。

F13

这是斐乐健身在2003年再次推出时的名字。

F13
新生代

桃州（PEACH STATE）

这是位于佐治亚州亚特兰大市的FlyKix商店设计的一款鞋的名字，其目的是为了向这个州的高质量水果致敬。

春苑 G1（SPRING COURT G1）

流行摇滚鞋

1946

这一年，在G1的侧面增加了通气孔。

G2 SUÈDE
绒面时尚

B2
小妹妹

VINTAGE JEAN
酷风

走上神坛

约翰·列侬最喜爱的这款鞋走出了网球场，在20世纪60年代成为法式时尚的象征。

G2（低鞋底）和B1（高帮）都是G1的后继者。

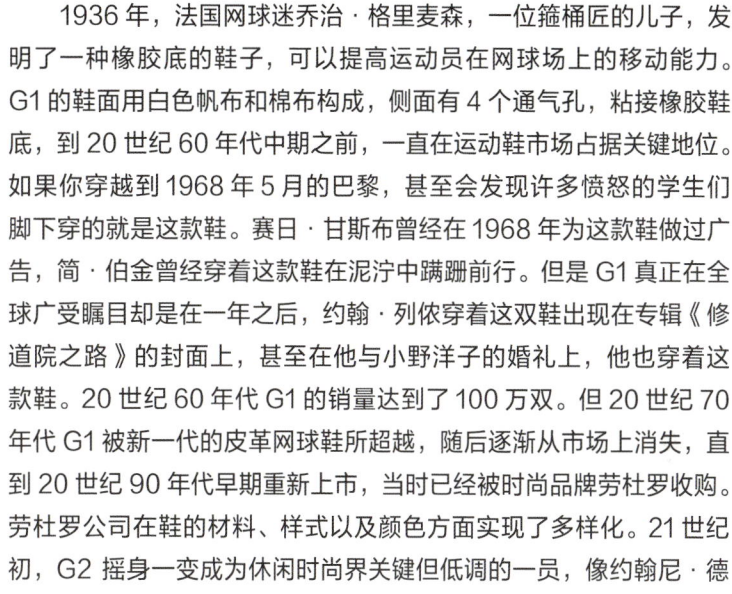

1936年，法国网球迷乔治·格里麦森，一位箍桶匠的儿子，发明了一种橡胶底的鞋子，可以提高运动员在网球场上的移动能力。G1的鞋面用白色帆布和棉布构成，侧面有4个通气孔，粘接橡胶鞋底，到20世纪60年代中期之前，一直在运动鞋市场占据关键地位。如果你穿越到1968年5月的巴黎，甚至会发现许多愤怒的学生们脚下穿的就是这款鞋。赛日·甘斯布曾经在1968年为这款鞋做过广告，简·伯金曾经穿着这款鞋在泥泞中蹒跚前行。但是G1真正在全球广受瞩目却是在一年之后，约翰·列侬穿着这双鞋出现在专辑《修道院之路》的封面上，甚至在他与小野洋子的婚礼上，他也穿着这款鞋。20世纪60年代G1的销量达到了100万双。但20世纪70年代G1被新一代的皮革网球鞋所超越，随后逐渐从市场上消失，直到20世纪90年代早期重新上市，当时已经被时尚品牌劳杜罗收购。劳杜罗公司在鞋的材料、样式以及颜色方面实现了多样化。21世纪初，G2摇身一变成为休闲时尚界关键但低调的一员，像约翰尼·德普、瓦妮莎·帕拉迪丝、裘德·洛等都喜欢穿它。这款充满朝气的鞋可以十分完美地替代帆布便鞋，可以不穿袜子。如果你是一个纯粹主义者，那么只有低帮白色的那一款才真正适合你。

20万双
这是每年所生产的G2鞋的数量。

COLLEGE VICHY
别致

LEATHER
相当强健

SPRINGCOURT X COMME DES GARÇONS
勇气倍增

为著名的专辑《修道院之路》而拍摄的照片，1969年8月8日，星期五。约翰·列侬穿了一双春苑G1，与他几乎每天都穿的鞋一样。这位英国音乐人对这款鞋的喜爱达到了痴迷的地步，甚至在几周前与小野洋子的婚礼上也是穿的这款鞋。对于春苑这个来自法国巴黎贝尔维尔街区的小品牌来说，这是一次绝佳的宣传广告，他们从来没有想到天上会掉下这么大的一个馅饼。

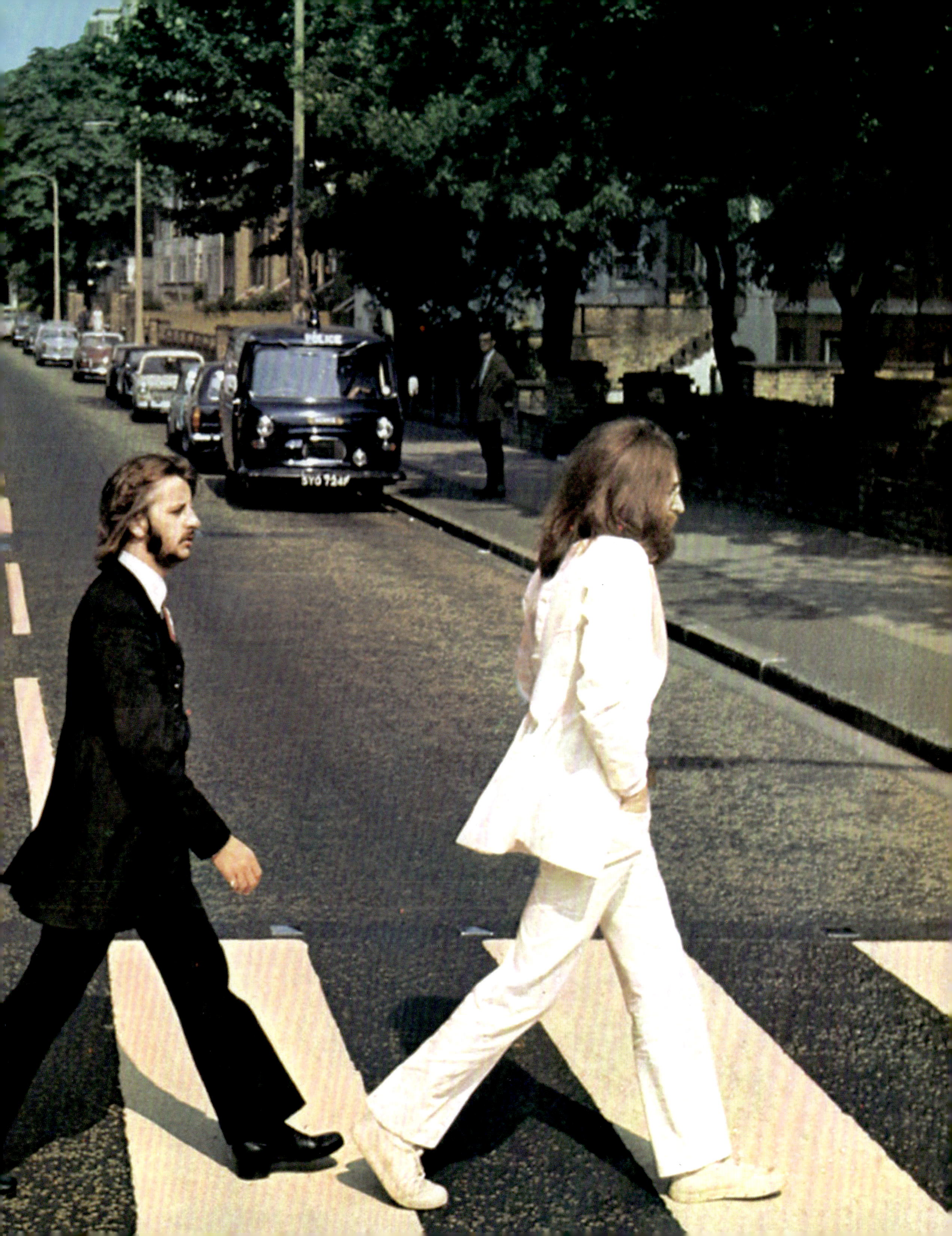
POLICE

匡威 查克·泰勒 全明星（CONVERSE CHUCK TAYLOR ALL STAR）

永远时尚的前辈

1966
"牛津（Oxford）"在这一年面世，即全明星的低帮版。

ALL STAR 1917
匡威面市

ALL STAR 1928
查克·泰勒之前的全明星

CHUCK TAYLOR ALL STAR 1971
查克·泰勒起飞

走上神坛

自从1949年以来，All Star从未改变过自己的基因。

这款篮球鞋是目前依然能在市场上看到的鞋龄最高的运动鞋，自1917年以来销量已经超过了8亿双。这确实是一枝可以与恶趣味分庭抗礼的常青藤。

这款鞋的设计出自一个专为建筑工人制作靴子和鞋子的专业制鞋品牌，在看到篮球在美国的崛起之后开始涉足运动鞋领域并推出了匡威全明星运动鞋。这款鞋的成功在很大程度上要归功于其形象大使，推销员查克·泰勒。自1932年以后，他的签名就成为全明星徽上永远的标记，这个星徽也是他设计出来的，可为篮球场上带有脚伤的高大运动员提供内踝部（即踝骨突出部分）保护。"查克"又或"匡威"成为众多NBA球星的首选，其中包括"魔术师"约翰逊和拉里·伯德等人。这种状况一直持续到20世纪70年代。自20世纪50年代以来，它就已经成为十分流行的时尚品牌，加利福尼亚州的各所大学里都有扮酷的学生穿匡威，通用汽车厂的工人也很喜欢这款鞋。

随着摇滚乐的到来，全明星鞋配黑色皮夹克和牛仔裤开始慢慢地盖过了其"运动"鞋的标签。尽管这款鞋十分坚硬，第一次穿它的时候都需要花费很大的力气，随后才会逐渐地合脚，但是却在20世纪80年代受到滑板爱好者和越野自行车骑手们的追捧。10年之后，大批音乐人对其爱戴有加，如科特·科本、伊基·波普、史努比·道格等。这款鞋还曾在电影屏幕上多次出现，甚至有一双粉蓝高帮匡威运动鞋随着时间回到了过去，在索菲亚·科波拉于2006年执导的《绝代艳后》中短暂地露了一面，当时年轻的王后（克尔斯滕·邓斯特饰演）正在试穿无数双鞋子，而她的目的无疑是为了扮嫩，即把自己打扮成十几岁的样子。

60%

这是美国人一生中拥有或者曾经拥有过至少一双全明星鞋的人数比例。

CHUCK TAYLOR ALL STAR RUBBER
全橡胶款

CHUCK TAYLOR DISTRESSED FLAG
美国梦

CHUCK TAYLOR ALL STAR ANDY WARHOL
艺术范低帮

匡威 查克·泰勒 全明星（CONVERSE CHUCK TAYLOR ALL STAR）

世界上最有名的旅行推销员

匡威全明星在全球大获成功，主要归功于其最出色的形象大使所具有的激情和所付出的努力，因为他的人生目标就是将这款运动鞋连同他所钟爱的运动推广到大众当中。

　　查克·泰勒的全名是查尔斯·霍利斯·泰勒，他的故事应该从20岁就开始了。1921年的某一天，这位不知天高地厚的年轻人敲响了匡威公司位于芝加哥办公室的门，说自己可以完善全明星这款鞋的设计，当时还是1917年的款式。这位篮球运动员从印第安纳州哥伦布市的中学开始就一直穿着这款鞋上场打球。查克当场就被雇佣，几个月后对这款鞋做出了改善，特别是增加了皮革贴片用于保护运动员的内踝部（踝骨突出部分）。看到了篮球对于美国年轻人的吸引力，以及在全明星运动鞋（自1932年后加上了他的签名）的帮助下篮球运动员的能力得到提高，查克·泰勒给自己找到了一个新的职业，即篮球运动的超级推销员加推广者，当然了，需要推销的还有运动鞋。他开着自己的白色凯迪拉克在美国各地穿梭，后备箱里装满了鞋子，在中学和大学举办培训课程，或者"概念诊所"——这是一种全新的创意。他从一家汽车旅馆到另一家汽车旅馆，除在匡威公司总部他的办公室外，再没有任何其他临时办公场所。很快，他的努力就得到了回报，他在美国篮球界成为一个关键人物。在匡威担任销售负责人达30年之久的乔迪恩在《费城调查者报》的采访中回忆说："想要不喜欢查克完全是不可能的。如果你是篮球教练并正在找工作，那么你需要给查克打电话。篮球领队在需要教练时也会去找查克。"在第二次世界大战期间，查克·泰勒是美国陆军部队的顾问，全明星鞋在那时候也已经成为美国武装部队的官方运动鞋，他本人也一直执着地努力完成自己的使命，直至1968年退休。遗憾的是他已经没有多少时间享受自己的退休生活了，查克于1969年6月23日因心脏病发作而去世。查克·泰勒加入了迈克尔·乔丹和斯坦·史密斯的行列，成为能让一款运动鞋大放异彩的著名人物中的一员，而这一款运动鞋的光芒将永远不会变得暗淡。

查克·泰勒身着专业篮球队（俄亥俄州阿克隆市的阿克隆火石队）的队服。这是他在花费余生精力推广匡威品牌之前的照片。他是匡威品牌的最佳形象大使和最忠实的粉丝。

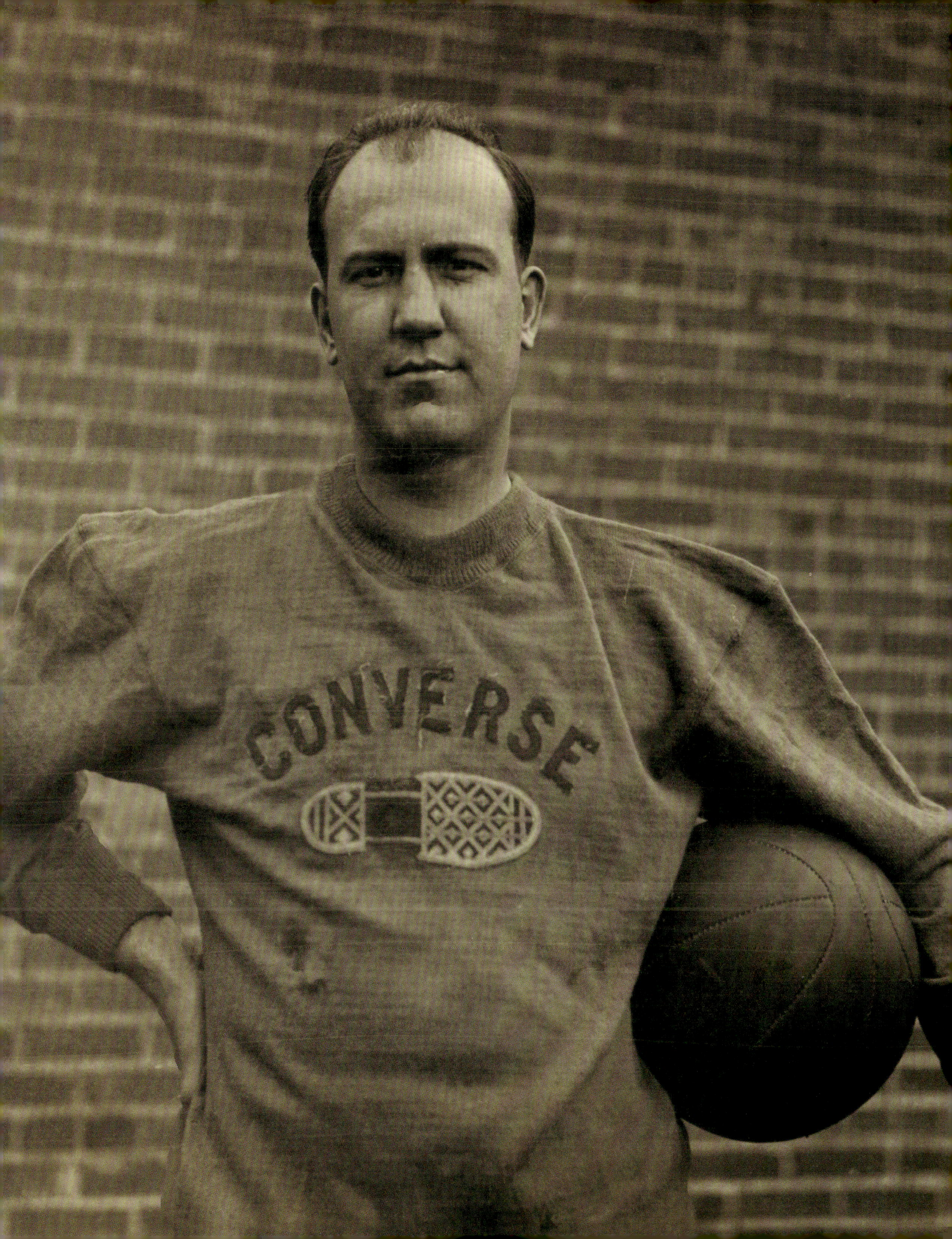
CONVERSE

匡威 查克·泰勒 全明星（CONVERSE CHUCK TAYLOR ALL STAR）

1950S	1971 – RED	2000
ANDY WARHOL	CAMOUFLAGE GREEN	CITY HIKER
COMBAT BOOT	CHUCK TAYLOR X DC COMICS - SUPERMAN	DENIM
DOWN JACKET	FLORAL	FRESH COLORS
ANDY WARHOL	KNEE	CHUCK TAYLOR X SNEAKERSNSTUFF - LOVIKKA

走上神坛

LOW	MINI BUFFALO PLAID	CHUCK TAYLOR X AC/DC
MULTIPANEL	MULTICOLOR WEAVE	THE SIMPSONS
PLATFORM PLUS	PLATFORM	PREMIUM
WINTERIZED COLLECTION	SARGENT	
SUEDE	UNION JACK	XX HIGH

85

阿迪达斯 SL72和SL76（ADIDAS SL 72 & SL 76）

警界双雄

SL 72 MUNICH
传奇鞋款

SL 76
延续传奇

HAN SOLO 77
星球大战风格

走上神坛

虽然阿迪达斯"超轻"运动鞋是为1972年夏季奥运会而设计的,但是真正出名却是得益于电视连续剧《警界双雄》。

汉·索罗

2010年,阿迪达斯推出了这款SL72,向电影《星球大战》中千年隼号的勇敢驾驶员致敬。

"超轻"(Super Light)或SL运动鞋,其由尼龙、皮革或绒面构成的鞋面呈楔形,首次面世是在1972年的慕尼黑奥运会上,随后在周末慢跑人群当中引发热烈反响。1975年,这款鞋走出体育场,在电视连续剧《警界双雄》中的虚构城市海湾城的街道上奔跑,还在奔跑中偶尔滑过汽车的前盖,当然它是穿在一个人的脚上,这个人叫大卫·斯塔斯基,一头卷发,身穿牛仔裤,是一位敬业又略显癫狂的警探。这部电视剧成为"超轻"这款鞋所具有的强大性能的有力证明,就好像在说,如果不穿这款鞋,这一对勇敢的警探搭档根本就不可能抓住那些坏人。演员保罗·迈克尔·格拉泽穿过各种款式的SL,主要是76款,线条粗犷。这款蒙特利尔奥运会运动鞋现在已经成为全球收藏人士最为追捧的运动鞋之一,尤其是那些想要入手一双带有"西德制造"标签的SL运动鞋的拥趸,因为这种鞋现在已是凤毛麟角了。这款鞋的粉丝们如果有一双"龙族"(Dragons)或者"阿基里斯"(Achills),也算是可以聊以自慰了,因为《警界双雄》的警探也穿过这两款鞋。SL72曾经在2004年和2011年重新上市,还成了跑鞋"助推器"(Boost)的设计参考,后者于2013年上市。

SL 72 LEOPARD
快速风尚

SL 72 WHITE
2010年再版

SL LOOP RUNNER
后续版

87

耐克 空军一号（NIKE AIR FORCE 1）

跑鞋中的战斗机

AF 1 HIGH
高帮款

AF 180
新的继承者

AF 1 CHINA "NAI KE"
中国特别致敬版

走上神坛

力量与精致在这双鞋上得以完美体现，已经有接近2000种不同的版本生产出来，这来自纯粹优雅的力量。

20世纪90年代的纽约，住在黑人区的年轻人将这款1982年的运动鞋当作了自己的徽章，称其为"上城区"。这款鞋一共有5种基本款，但是却有将近2000种不同版本，从低帮、中帮到高帮不一而足。今天的"空军一号"之所以成为全球销量最高的运动鞋之一，一部分原因是它拥有一个非常豪华的形象大使队伍，如Jay-Z。据说他脚上的鞋总是新鞋，因为他希望脚上的鞋总是保持那种亮白的状态。说唱歌手Nelly在其2002年一首名为《空军一号》的歌曲中就对自己钟爱的这款鞋大唱赞歌。这款运动鞋现在已经成为流行文化的一个固定格式，更是彰显品位的一个保证。它硬朗而优雅，有力但轻便，是耐克第一款气垫鞋，也是可以与西装搭配且毫无违和感的那种非常少有的运动鞋。但是记住了，这款鞋只能与黑色西装搭配以凸显颜色上的反差，并且鞋的颜色必须是毫无瑕疵的完美白色。细节决定成败，而这一次的细节是一个叫作"deubré"的东西，即鞋上最靠近鞋头的位置上位于第一对鞋带扣眼中间的那个金属材质的装饰物。"deubré"这个词最早就是源自耐克公司。

Velcro搭扣

这款空军一号的高帮款带有一个Velcro尼龙搭扣，称作自感带，可以绕着脚踝前部绑紧。

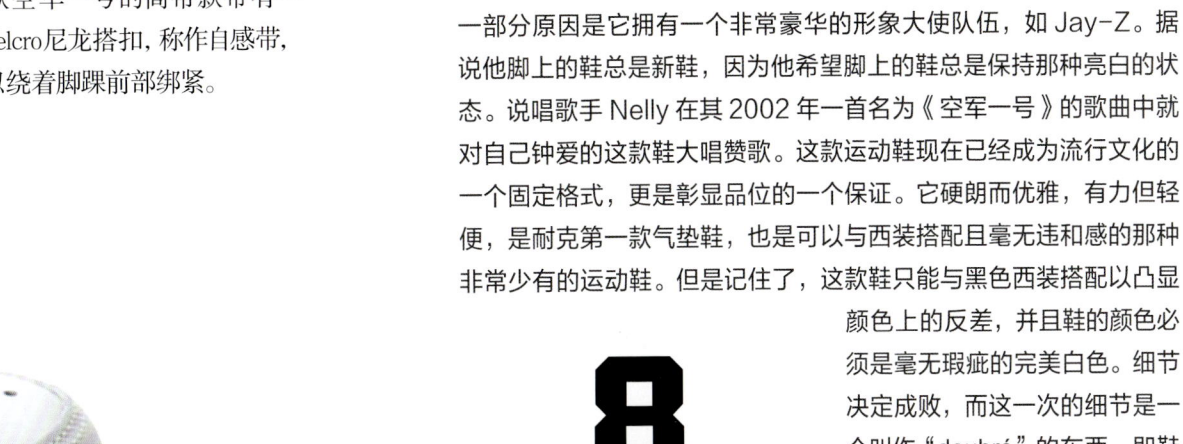

8
亿美元

这是耐克空军一号的年销售额。

AF 1 X MARK SMITH
市场少见

AF 1 X MR CARTOON
难觅影踪了

AF1 – THE DEUBRÉ
细节点缀

耐克 空军一号（NIKE AIR FORCE 1）

CRESCENT CITY	DOWNTOWN BRAZIL	SUPREME TZ
DIRK NOWITZKI	XXX SFB	CONSTELLATION
DOWNTOWN HI	AIRNESS	WEATHERMAN
DOWNTOWN	AJF 6 (AF 1 + AJ 6)	LONDON OLYMPICS 2012
FOAMPOSITE	AF 1 X SUPREME	ANACONDA

走上神坛

FOAMPOSITE MAX "BLACK FRIDAY"	SUPREME HI QS	XXX CAMO DIGITAL
LOW COMFORT	IRIDESCENT	XXX PRESIDENTIAL EDITION
EASTER PACK	KYRIE IRVING	YEAR OF THE DRAGON
DOWNTOWN 1 SPIKE	DUCKBOOT	
PATINA - PAULUS BOLTEN	PLAYSTATION	AF 1 X RICCARDO TISCI - BOOTS

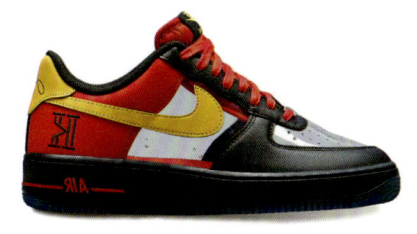

锐步 经典真皮款（REEBOK CLASSIC LEATHER）

既时髦又大众化

1987
锐步经典尼龙款发布，
鞋面由尼龙和绒面组成。

CLASSIC LEATHER BLACK
载入史册

CLASSIC LEATHER NYLON
十分舒适

NEWPORT CLASSIC
十分优雅

走上神坛

这款英国时尚界的基石，是有史以来在英国最受欢迎的运动鞋。

锐步的经典真皮款于1983年推出，部分原因是为了与耐克大获成功的科特兹（Cortez）相抗衡，但是却成了继锐步自由式（Freestyle）之后第二个十分成功的鞋款。与其竞争对手相比，锐步经典的技术含量低，复杂程度也大为减少，但就是这款朴素却十分舒适的运动鞋，成了英国人休闲服装衣柜中一件十分常见的配置，又因为鞋侧面上有英国国旗图案的刺绣，使之成为英国人的骄傲。锐步经典真皮款在周日绅士、流行歌手、嘻哈艺术家、足球迷以及酒吧常客当中受到极大欢迎。必须要说明的是，最后两个分类常常是同一类人。与耐克科特兹在美国的情形相似，锐步的这款运动鞋同样成为窃贼们喜爱的装备。莱斯特大学的研究人员曾经对英国北安普顿郡100处盗窃现场留下的鞋印进行研究，发现其中52%的鞋印都是锐步经典真皮款留下的。这一研究报告发表在2010年的《警察评论》(Police Review) 杂志上。窃贼们为什么选择这款鞋？因为这款鞋是"最软、最轻便的"，一位警官谈道，"盗贼一点也不傻，他们在偷盗时选择最软、最轻便的运动鞋，当然是不想让任何人听到他们的动静。"

NEWPORT

这一锐步经典的网球鞋款发布于1989年，在Streets乐队歌手麦克·斯金纳（Mike Skinner）的帮助下，于2000年之后成为广受欢迎的运动鞋。

特拉维斯·斯科特

2013年，这位22岁的美国说唱歌手被选中担任锐步经典的品牌代言人。

CLASSIC X BURN RUBBER
致敬底特律

30TH ANNIVERSARY
30周年限量版

EXOTICS
流行款

科迪斯 皇家经典（PRO-KEDS ROYAL）

已然离场的偶像

69ERS

这是科迪斯Royal衍生鞋款Super的昵称，因说唱歌手阿非利夫·巴姆巴塔（Afrika Bambaataa）而声名鹊起。

ROYAL CANVAS HI
高帮款

ROYAL EDGE
街头品牌Play Cloths 联名款

ROYAL PLUS
更结实

走上神坛

"神枪手"

这是科迪斯Royal这款鞋最初的名称。

这一纽约街头文化的标志性鞋款，可称为20世纪50和60年代NBA之星，在日本曾经是最受喜爱的运动鞋之一。

200

Royal CVO的生产数量。这是一款与蓝带啤酒合作生产的运动鞋。这家啤酒品牌将这款鞋赠送给了一些时尚达人。

运动鞋的一个传奇在2014年2月3日离我们而去了。就在这一天，美国品牌科迪斯（Keds）宣布将会终止PRO-Keds运动品牌系列的生产，连同这个品牌一起被埋葬的，还有篮球场上的偶像级运动鞋、随后成为街头文化标志性鞋款、于1949年推出的Royal。20世纪50年代，这款帆布运动鞋由于紧靠鞋底前部的红蓝两色装饰条而极易辨认，其名声也随着乔治·麦肯（George Mikan）的巨大成就而变得如日中天。这位身高约2.08米的篮球巨人、明尼阿波利斯湖人队的年轻明星，在1949年至1954年间曾经5次赢得总冠军。这款专为篮球场而生的经典之作，同时也是匡威全明星（All Star）篮球鞋的主要竞争对手，在1971年以Royal Master（或叫作Royal Plus）的名字重新推出。这款鞋的鞋面为绒面，更为结实，同时还带有加了衬垫的踝带，所以也更为舒适。蓝白两道装饰条上移并加宽。这一新鞋款连同其伙伴品牌波尼顶级明星（Pony Top Star）一道，成为正在兴起的纽约霹雳舞场中的必备品。在1986年销声匿迹之前，科迪斯曾经推出过Royal Edge（或CVO），因为其设计与范斯Authentic非常相似，因而受到滑板爱好者的喜爱。由于在日本非常受欢迎，所以这一品牌在2002年随着其旗舰款的重新发布而获得重生，而这款旗舰款正是12年后被放弃的品牌。2009年10月，科迪斯推出了其最后的设计之一，由DJ 鲍比托·加西亚（Bobbito Garcia）完成，他是畅销书《名鞋溯源——纽约市的运动鞋文化 1960—1987》的作者。

ROYAL MASTER
鞋底更高

ROYAL
Patta重新设计

PRO-KEDS X BOBBITO GARCIA
达人款

范斯安纳海姆（VANS AUTHENTIC）

滑板爱好者的狂喜

2.49
美元

这是1966年范斯推出Authentic时的价格。现在的价格已经是之前的15倍了。

ERA
孪生姐妹

SLIP-ON
最畅销的懒人鞋

SLIM VAN DOREN
Van Doren 橡胶底

走上神坛

这是首款专为滑板运动而推出的运动鞋。50年之后，其生命力依然旺盛，而且衍生出了各种不同的版本。

1966年3月16日，在搬迁到美国加利福尼亚州安纳海姆市几个月之后，范·多伦兄弟的第一家鞋店开张了。出乎他们意料的是，当天早上就有十几位客户径直走入他们位于东百老汇街704号的店里，指名要买Authentic这款鞋。但是这个品牌的几位创始人当时唯一的目标是滑板市场，而且当时只有几双用于展示的鞋，墙壁上摆满的鞋盒实际上都是空的。他们让那些顾客下午再过来，然后匆忙回到店铺后面的作坊开始制作客户所要的鞋，第一款滑板专用鞋就以这样的方式开始了自己传奇般的故事。范斯Authentic采用了帆布鞋面、细小的缝线、厚厚的白色橡胶鞋底，鞋底纹类似华夫饼图案，对滑板具有更好的抓持力。10年之后，范斯推出了Era，一款几乎与Authentic一模一样的鞋，增加了带衬垫的踝带。随后推出的是无鞋带的Slip-On——专为BMX自行车爱好者而设计，但却成为街头文化的又一个象征，在阳光灿烂的日子里，受到所有真正的运动鞋迷的喜爱。

从好莱坞到纽约城，经常看到明星们将范斯Authentic穿在脚上，如电影明星扎克·艾夫隆，歌星克里斯·布朗、蕾哈娜、李尔·韦恩等。

300 美元

这个不算很高的金额是范斯与20世纪70年代和80年代的滑板明星斯泰西·佩拉塔（Stacy Peralta）签署的代言合同金额，他当时穿的是范斯Era。

ROBERT CRUMB X VANS VAULT
Robert Crumb联名款

MIKE HILL X VANS SYNDICATE
光洁的Mike Hill联名款

EDITION 2015
大胆的风格

范斯（VANS）

NEON	LEOPARD RAINBOW	DECON CA LEATHER
ROYAL PAISLEY	VANS X CURTIS KULIG	JUNGLE LX
NATIVE EMBROIDERY	WATERMELON	BIRDS EDITION
SURPLUS	STAR WARS	RIVET
OVERWASHED	BLACKSOLE	FLAMINGO

走上神坛

WHITE	DQM X VANS I LOVE NY	VANS X RAD
TIGER	HULA CAMO	HELLO KITTY
STAINED	SUPREME X PLAYBOY X VANS	HIKER PACK
VANS X KENZO - FLORAL PATTERNS	BEAUTY & YOUTH X VANS	SUPREME X VANS
VANS X OPENING CEREMONY MAGRITTE COLLECTION	LX CAMP SNOOPY	RETRO FLAG

阿迪达斯 ZX 8000（ADIDAS ZX 8000）
鲜艳的扭力条

ZX 9000

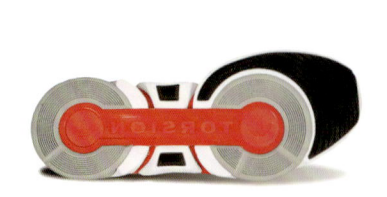

这款较暗色调的运动鞋是ZX 8000的姊妹款，后跟更为宽大，2003年重新上市时采用了皮革鞋面。

TORSION
创新的铰接式鞋底

BANKSHOT
高帮款

ZX 850 NAVY RED
美国特别款

走上神坛

这款跑鞋在运动市场引发强烈反响，因为阿迪达斯的扭力系统就是通过这款鞋而公之于众的。

鲁莽的巴斯卡尔

利亚德·萨图夫的法语连环画小说系列中的超级英雄，他最喜爱的运动鞋就是ZX 8000。

ZX 8000于1988年推向市场。随着这款鞋进入公众视线的还有其所包含的一项新技术，该技术的标志是植入鞋底的一根黄色扭力条，它将鞋底的前部和后部连接在一起。因为那时候运动鞋的这两个部分已经被分开来设计。这个新技术的主要思路是将一定程度的弹性和稳定性回馈给跑者，同时让脚随着步幅而转动时实现更好的能量传递。扭力系统还可以减少鞋底的总体积，从而降低鞋的整体重量（重量是每位跑者的负担）。还有一个重要因素是颜色。靛蓝色衬托三道黄色装饰条的配色，一举打破了体育服装店里以银灰色为主的单调、无精打采。这款鞋立刻在狂热的跑步爱好者中以及校园当中获得成功，更不用说在伦敦的雷鬼舞场上，天知道这都是为什么！ZX 8000在问世15周年和25周年时都得以重新发布，并成为ZX Flux的基础（同样的鞋跟、同样的鞋底），后者在2014年推出时受到中学生的热烈欢迎。

大卫·贝克汉姆

这位英国足球运动员对这款鞋情有独钟。

ZX 9000
ZX 8000的姊妹款

NEGATIVE ST NOMAD
25周年纪念版

ZX FLUX
新世纪的继任者

耐克 AIR HUARACHE（NIKE AIR HUARACHE）

耐克的钩子跑哪去了？

1993
Light款在这一年上市，耐克的钩形标识又回来了。

LIGHT
钩形标识重现

FLIGHT
密歇根五虎鞋款

TRAINER
带 Velcro搭扣

走上神坛

没有标识，再加上名称和设计都很古怪，这款鞋本来是不会有任何希望的。

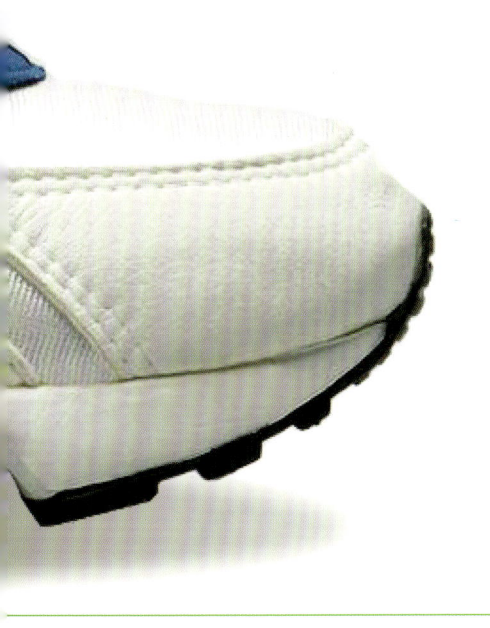

1990 年的某个早上，耐克的明星设计师汀克·哈特菲尔德在耐克公司的总部向市场营销部门展示了他的最新设计。这个运动鞋领域的巨人公司总部位于比弗顿市，坐落在俄勒冈州波特兰市的外围。这个最新的设计就是 Huarache，一款在氯丁橡胶拖鞋基础上设计的跑鞋，其灵感来自一款滑水鞋。对于这些市场营销人员来说，虽然这个设计方案已经明显背离了那个时代的设计法典，但让他们感到最不可思议的既不是这款鞋的名字，也不是其惊世骇俗的设计，而是那个著名的"钩子"图标被取消了。他们都认为，没有了品牌独有的徽标，这款鞋在商业上注定会是一次彻底的失败。他们的怀疑很快就得到了证实，因为总的预订数量只有区区 5000 双（是批量生产所需要的最低数量的 1/20）。项目被取消，最初生产的少量运动鞋被卖给了一个分销商，这家分销商准备冒着风险在 1991 年的纽约马拉松运动会上销售这款运动鞋。令人不可思议的是，所有的鞋在两天之内就被一抢而空，Huarache 被拯救了，预定量达到了 250 000 双，一举成为销量最佳的运动鞋。2000 年与 Stüssy 的两次联名合作在运动鞋爱好者中引起极大轰动，他们随后又等待了 13 年，终于等来了原始款的再次发售，这一次还有十几种不同图案和颜色。最近两年这款鞋一直是众人津津乐道的"那"款鞋之一。

密歇根五虎

这是1991年密歇根大学男子篮球队的绰号。这支篮球队被许多人视为史上最杰出的大学篮球队。正是这支篮球队让这款鞋的高帮版在1992年广受欢迎的。

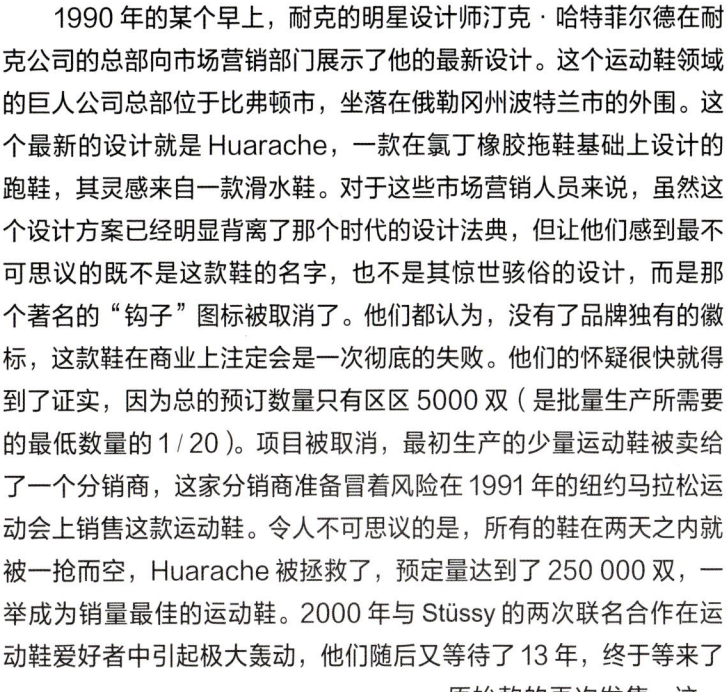

塔拉乌马拉人

是位于墨西哥西北部的美洲原住民，Huarache是他们所穿的凉鞋的名字，他们跨越长距离的手段就是奔跑。

STÜSSY X NIKE AIR
潮人

TRIPLE BLACK
实至名归

FREE
特殊的鞋底

汀克·哈特菲尔德（TINKER HATFIELD）

运动鞋星球的缔造者

汀克·哈特菲尔德的名声与他所设计的那些运动鞋一样光彩耀眼，因为他毫无疑问是有史以来最出色的运动鞋设计师。

2015年6月12日，巴黎东京宫的一翼完全被一个展览所占据。这个展览回顾了乔丹品牌的30年历史。汀克·哈特菲尔德正在回答记者的提问，而迈克尔·乔丹则在认真地观看展览的内容，其中他自己的形象占据了很大的比例。就在几分钟之前，站在媒体面前，这位人生的赢家谈到了耐克品牌现任副总裁（汀克·哈特菲尔德）的"天赋"，因为正是这位天才在负责耐克特殊项目的设计任务。这位站在飞人乔丹15个不同鞋款背后，同时又是十几种其他畅销鞋款的设计掌舵人，在过去的十几年里经常被人问起他成功的秘诀是什么，而他总是会给出同样的答案："当我们设计鞋的时候，首先想到的是性能，以及运动员对鞋有什么样的要求。当然还要考虑风格，但是归根结底我们想要人们知道的是，他们买这款鞋时就是在购买那么一点梦想。"汀克·哈特菲尔德于1981年6月受聘担任耐克公司的建筑师，负责为公司位于波特兰市郊比弗顿的总部设计办公空间。他曾经是短跑运动员和撑竿跳高运动员，毕业于俄勒冈大学，在进入耐克公司4年后才开始第一款鞋的设计工作。他的灵感既来自顶级运动员，也来自周日慢跑者，因为他总是对这些人保持密切的关注。给予他灵感的领域还包括建筑学、军用航空、汽车设计等，同时还来自他广泛的旅游经历。汀克·哈特菲尔德被《财富》杂志选为20世纪最具影响力的100位设计师之一。他后来担任耐克创意厨房的负责人，也许运动鞋的明日之星就将诞生在这个设计实验室里。

汀克·哈特菲尔德，耐克的明星设计师。
2015年6月里的一天，他站在巴黎东京宫的屋顶上说，"巴黎的奥斯曼建筑风格对我来说是取之不尽、用之不竭的灵感源泉。"

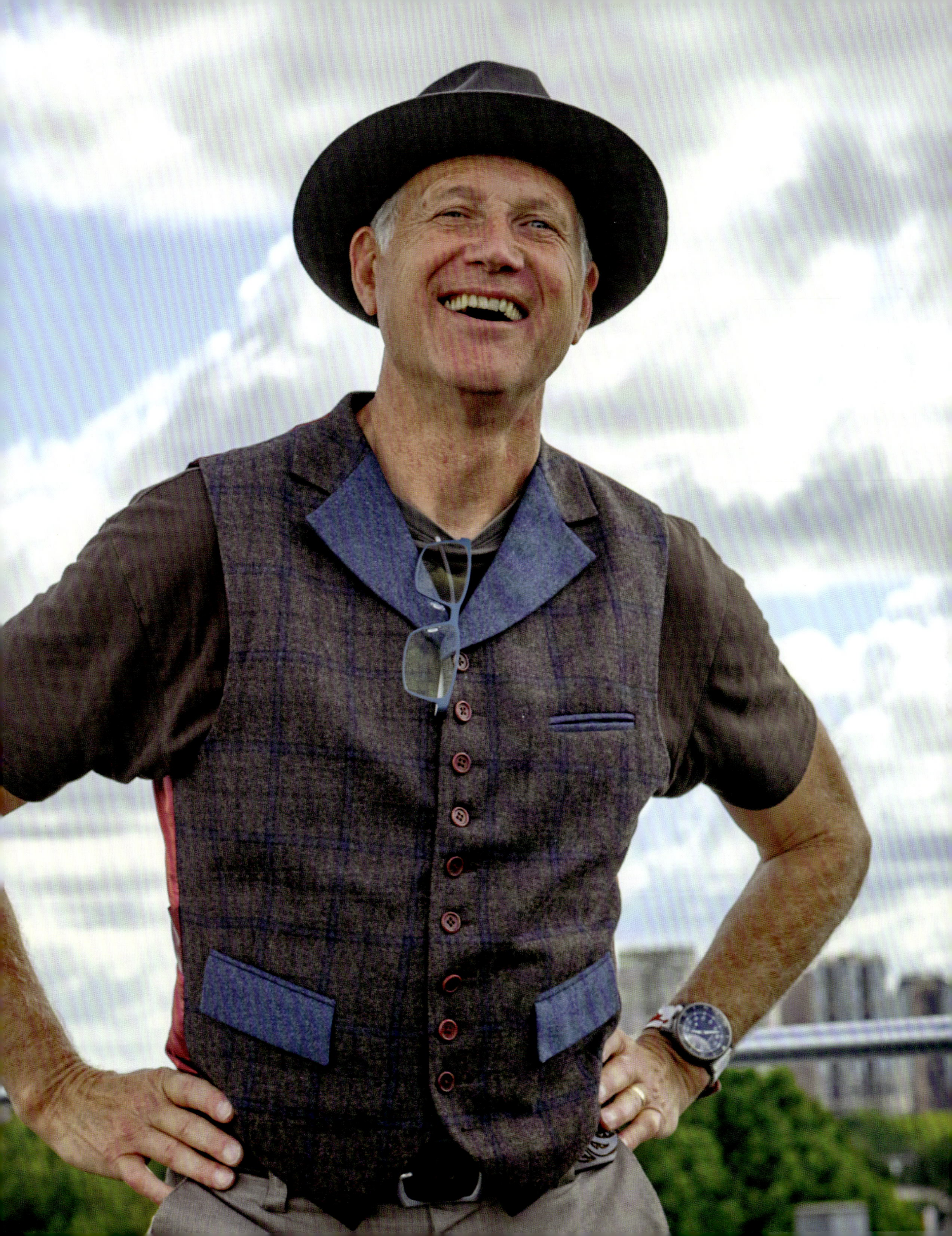

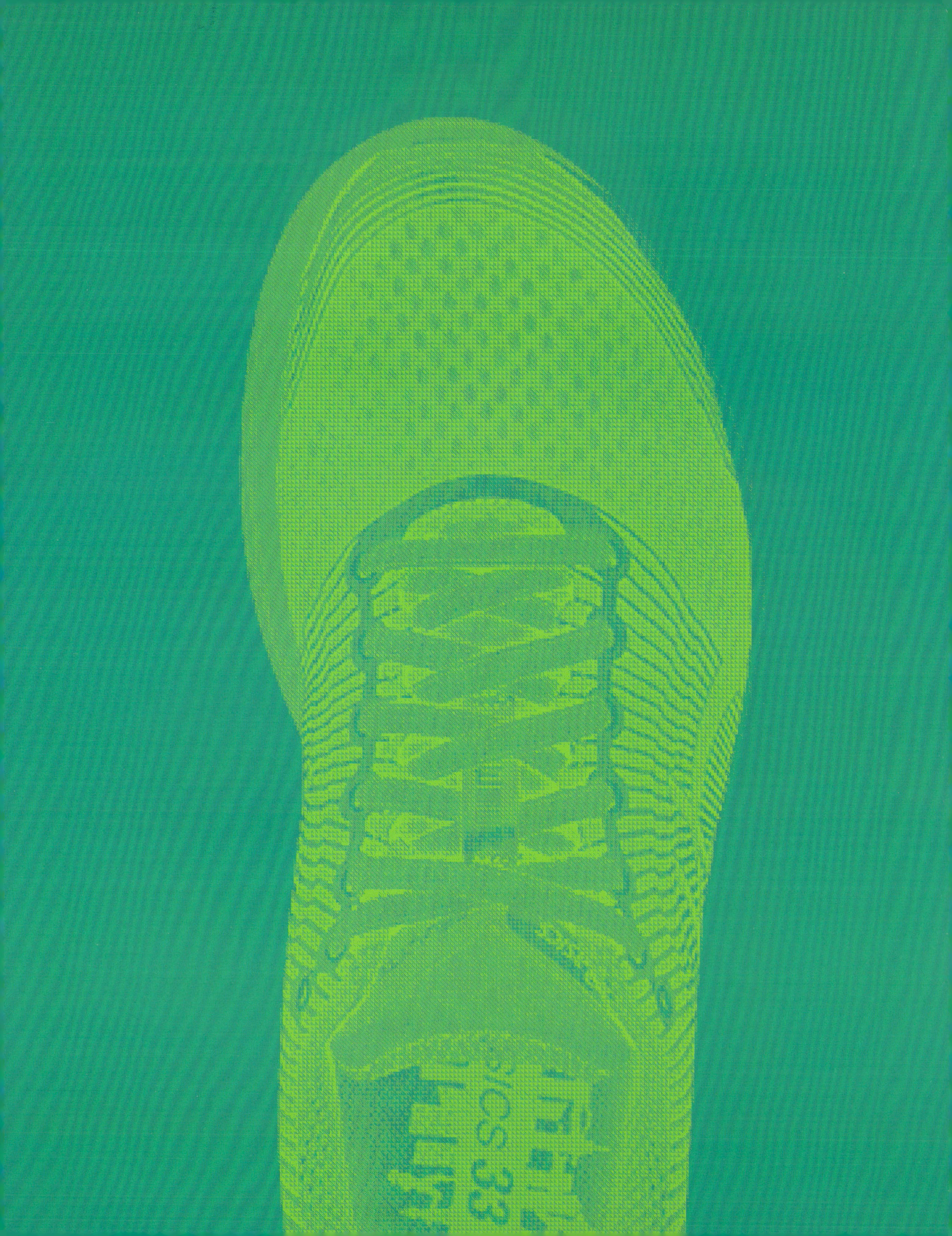

第二章
品牌争霸

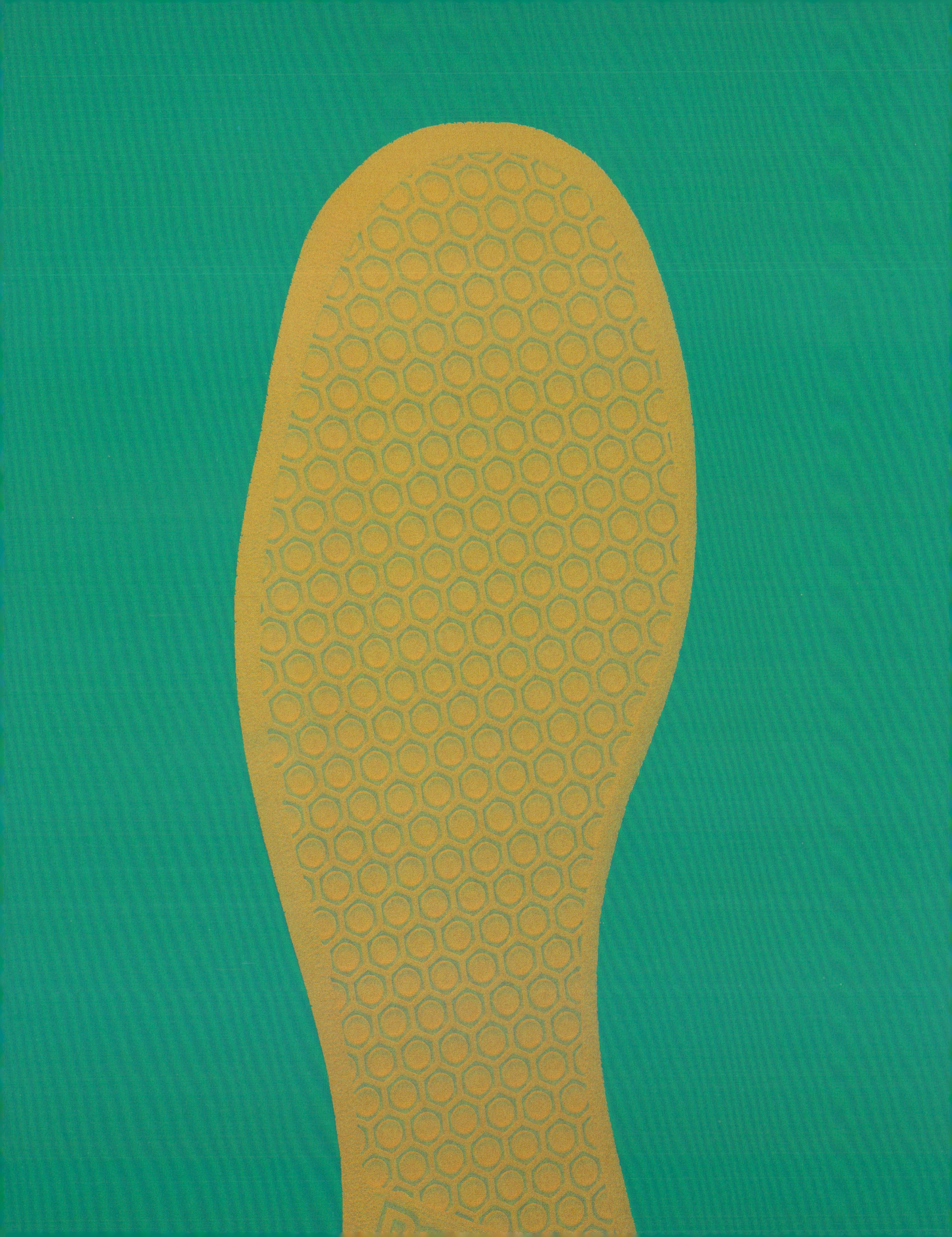

直到20世纪70年代中期，运动鞋品牌无一例外只是与体育运动相关联。随后出现在纽约的嘻哈文化将运动鞋品牌的影响力扩展到了篮球场、网球场和田径场之外。在这个不断变化的地下星河当中，DJ、涂鸦、霹雳舞等，让运动鞋成为移动、舞蹈和奔跑的理想装饰品，同时也成为认同某个群体和风格的标志。

运动鞋是20世纪80年代兴起的体育运动服装潮流的先驱，而各大运动鞋品牌则在随后的10年时间里完全把握住了这次机遇。他们展开了一场激烈的争夺，手中的武器就是与当年最棒的运动员们签署的品牌代言协议，还有技术创新以及吸引眼球的设计。耐克脱颖而出，成为20世纪90年代动荡时期的大赢家，在出色的设计以及纯粹的性能两方面得偿所愿，将其他几大品牌（菲拉、迪亚多纳、艾力士等）远远地甩在了后面。近些年来，各大品牌的创新性都有所下降，更多的是将其永恒的基本要素与过去的畅销款型充分地利用起来，由一位当代艺术家、另外一个品牌或一家时尚商店进行重新设计。但是最为常见的还是由一个在嘻哈文化中鼎鼎大名的潮流人士，如Jay-Z、坎耶·维斯特（Kanye West）、法瑞尔·威廉姆斯等，进行再设计，所以各大品牌的成功在很大程度上明显地要归功于这些潮流人士的影响。当下的全球运动鞋市场预计超过800亿美元，其中20%来自体育运动市场，80%则来自生活方式领域。

耐克（NIKE）

创新领跑者

自1972年以来，耐克品牌将其独占鳌头的性能和独树一帜的设计合二为一。这家世界上排名第一的体育运动服装供应商，同样也成为运动鞋爱好者们的参考标准。

这是一个用500美元建立起来的帝国。1964年，24岁的中跑运动员、刚刚从俄勒冈大学毕业的菲尔·奈特，以及他的教练比尔·鲍尔曼，每人出资500美元创建了蓝带体育运动公司，成为日本运动鞋制造商鬼冢虎的分销商。1971年，这家一直以来将满足最出色运动员的需求作为主要目标的本地小公司，给自己取了一个希腊胜利女神的名字——耐克。这家公司的营业额现在已经达到了200亿美元。耐克成功的秘诀到底是什么呢？那就是对技术创新、设计和市场营销与生俱来的认知能力，归结为一句话就是1988年推出的广告语"Just do it"，而其招牌符号就是那个著名的钩。这个徽标所代表的含义是缪斯女神之翼，由一位平面造型设计专业的学生创作，当时支付给他的创作报酬只有35美元。

耐克大量依靠体育运动冠军为其产品代言，其代言人包括第一任的史蒂夫·普雷方丹，然后是迈克尔·乔丹、安德烈·阿加西、克里斯蒂亚诺·罗纳尔多等。耐克所有的鞋款都被街头文化所接受，20世纪80年代是这样，今天依然是这样。

377
亿美元

这是耐克创始人之一菲尔·奈特在2020年的财富估值。

Air Rift 是一款融合了运动鞋和凉鞋的混合款式，其灵感来自肯尼亚跑步者的自然简约风格。

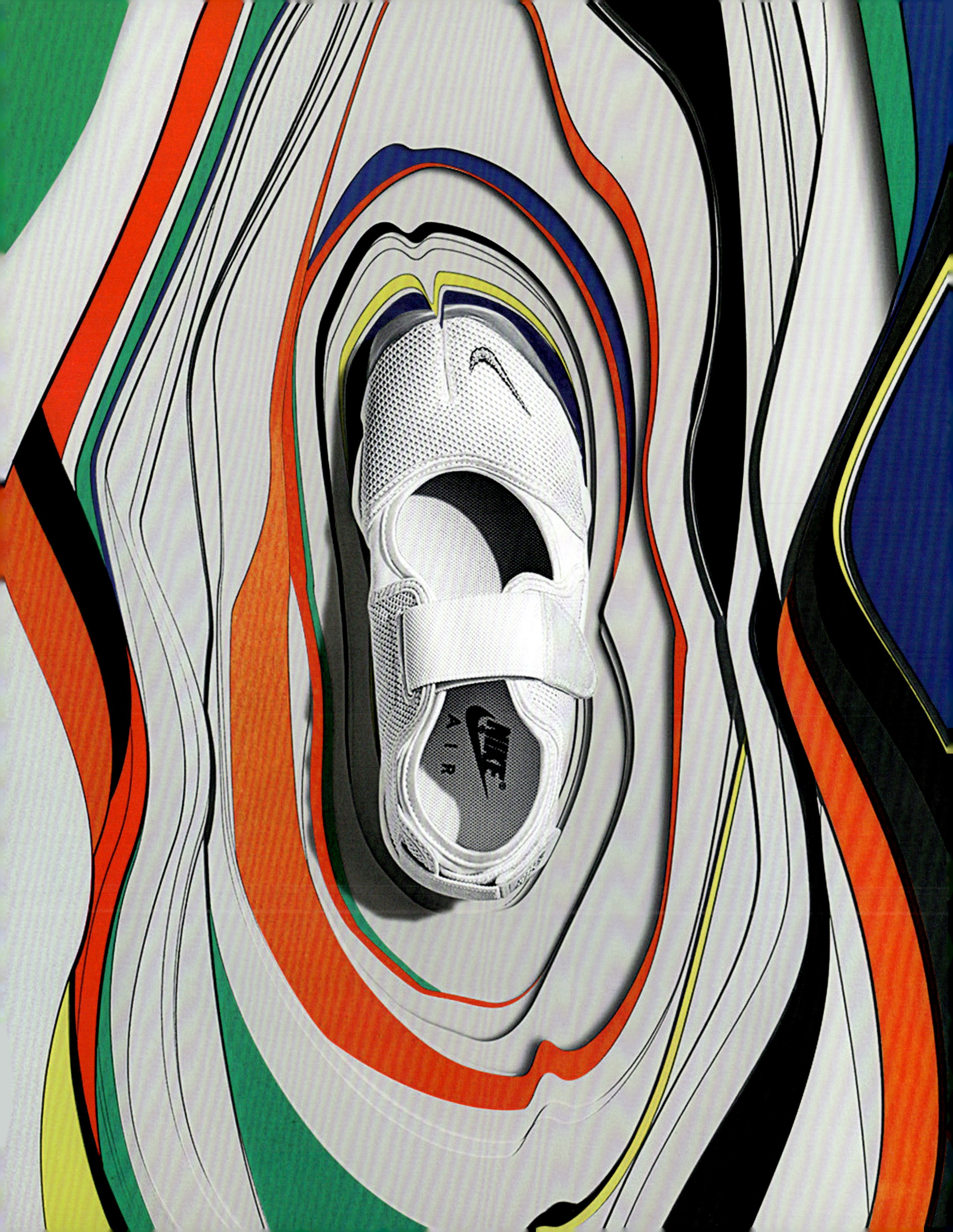
NIKE
AIR

耐克（NIKE）

LAVA DUNK
50％ Dunk High，50% ACG Lava Dome。为都市步行者而设计。

DUNK SB HIGH
Dunk 的滑板运动款，颜色源于芝加哥熊橄榄球队。

AIR HUARACHE LIGHT	AIR EPIC
AIR RALLY	VANDAL HIGH SUPREME
VAPOR 9 TOUR	LAVA DOME
LAVA HIGH	AIR WILDWOOD

WMNS TERMINATOR	WINDRUNNER
AIR TRAINER HUARACHE	AIR FORCE CMFT MOWABB
AIR TECH CHALLENGE II	AIR PEGASUS
ROSHE FLYKNIT	DUNK LOW (VIOTECH)

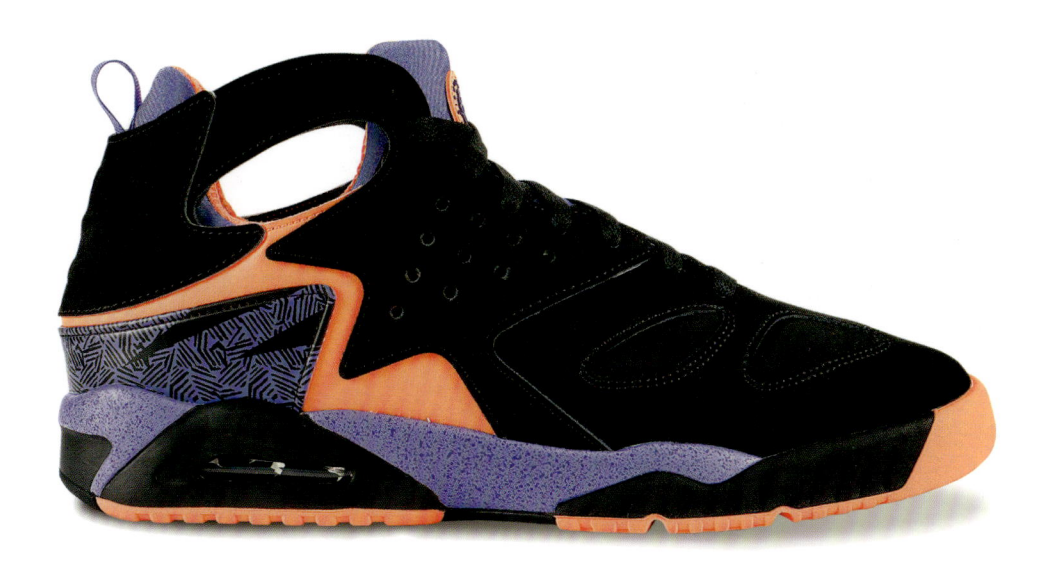

AIR TECH CHALLENGE HUARACHE
安德烈·阿加西的鞋，NBA菲尼克斯太阳队的配色。

AIR MAG
电影《回到未来2》中未来主义风格的鞋，2011年生产，以拍卖的方式出售。

耐克（NIKE）

FLYKNIT
该鞋款为2012年伦敦奥运会特别设计，是耐克第一款采用单幅编织材料制成的跑鞋。

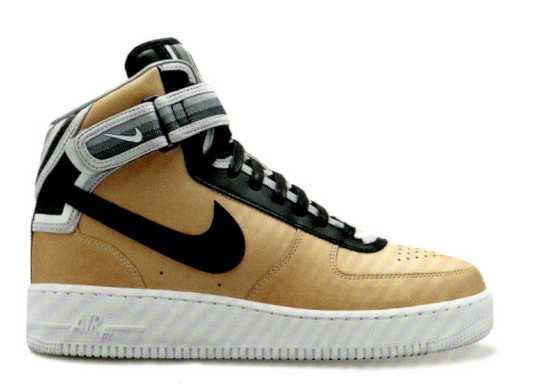

AIR FORCE 1 MID X RICCARDO TISCI	**AIR MAX 90 SNEAKERBOOT PACK**
ERIC KOSTON	**FLYKNIT LUNAR 2**
AIR MAX 0	**AIR STAB**
ROSHE SNEAKERBOOT PACK	**BLAZER**

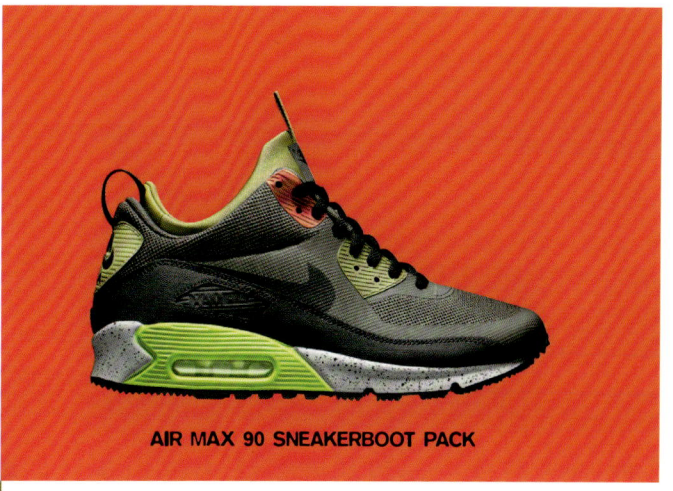

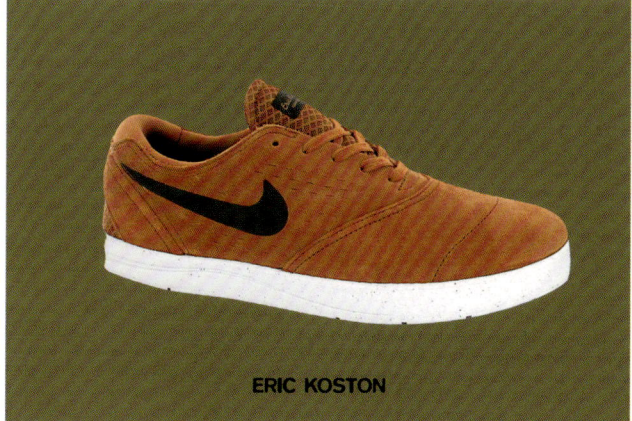

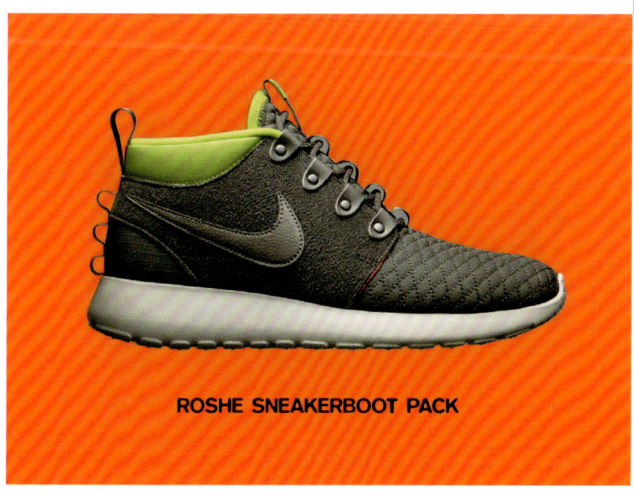

阿迪达斯（ADIDAS）

具有三条命的品牌

阿迪达斯这一德国品牌创建于1949年，是家庭内部发生争执的结果，但是却在许多年的时间里主宰了体育用品市场，随后又在20世纪90年代初期面临几乎破产的风险。现在的阿迪达斯已经浴火重生，成为全球最成功的品牌之一。

  在与自己的兄弟和商业合伙人鲁道夫彻底分手一年后，阿道夫·达斯勒（Adolf Dassler）给创立于1924年的家族制鞋公司重新起了一个名字，叫作阿迪达斯，这个名字是将他的小名"阿迪"和他的姓氏的第一个音节"达斯"组合而成的。而他的兄弟鲁道夫，则于1948年创建了彪马公司。出于对田径运动及足球运动的狂热喜爱，阿道夫痴迷于提高运动员的成绩。他制作出了第一款带有用螺钉紧固的防滑钉足球鞋，这款鞋也助力德国队赢得了1954年的世界杯。阿道夫于1978年去世，他在世前已经看到了6年前创建的三叶草标志在全球运动场上的风靡，也看到了三叶草最大的竞争对手耐克的崛起。但是他错过了阿迪达斯在20世纪80年代"堕落"到生活方式市场的过程，没能看到嘻哈青年将阿迪达斯运动鞋像徽标一样穿在脚上，以及世界各地的男男女女们将其作为休闲鞋穿在脚上的情形。

  1987年，阿道夫的儿子、也是他的继承人霍斯特·达斯勒突然去世，让阿迪达斯进入了一个困难时期。公司失去了发展势头，1990年被法国商人贝尔纳·塔皮埃收购，两年之后又被卖给了法国里昂信贷银行，但是这一次的金融交易十分可疑，直到现在依然有许多法律上的争议。阿迪达斯曾经濒临破产的边缘，1994年被商人罗伯特·路易-德雷夫重新推向市场。现在阿迪达斯的营业额已经接近每年150亿欧元，其中30%来自最早发布于2010年的Originals生活方式系列。在Originals系列面世的7年前，阿迪达斯与日本著名时装设计师山本耀司合作创立了时尚品牌Y-3。

全球十佳

阿迪达斯是世界最著名的十大品牌之一，市场遍及全球五大洲。

1985年时的Run-DMC音乐组合。他们是首个由品牌独立提供赞助的艺术家。

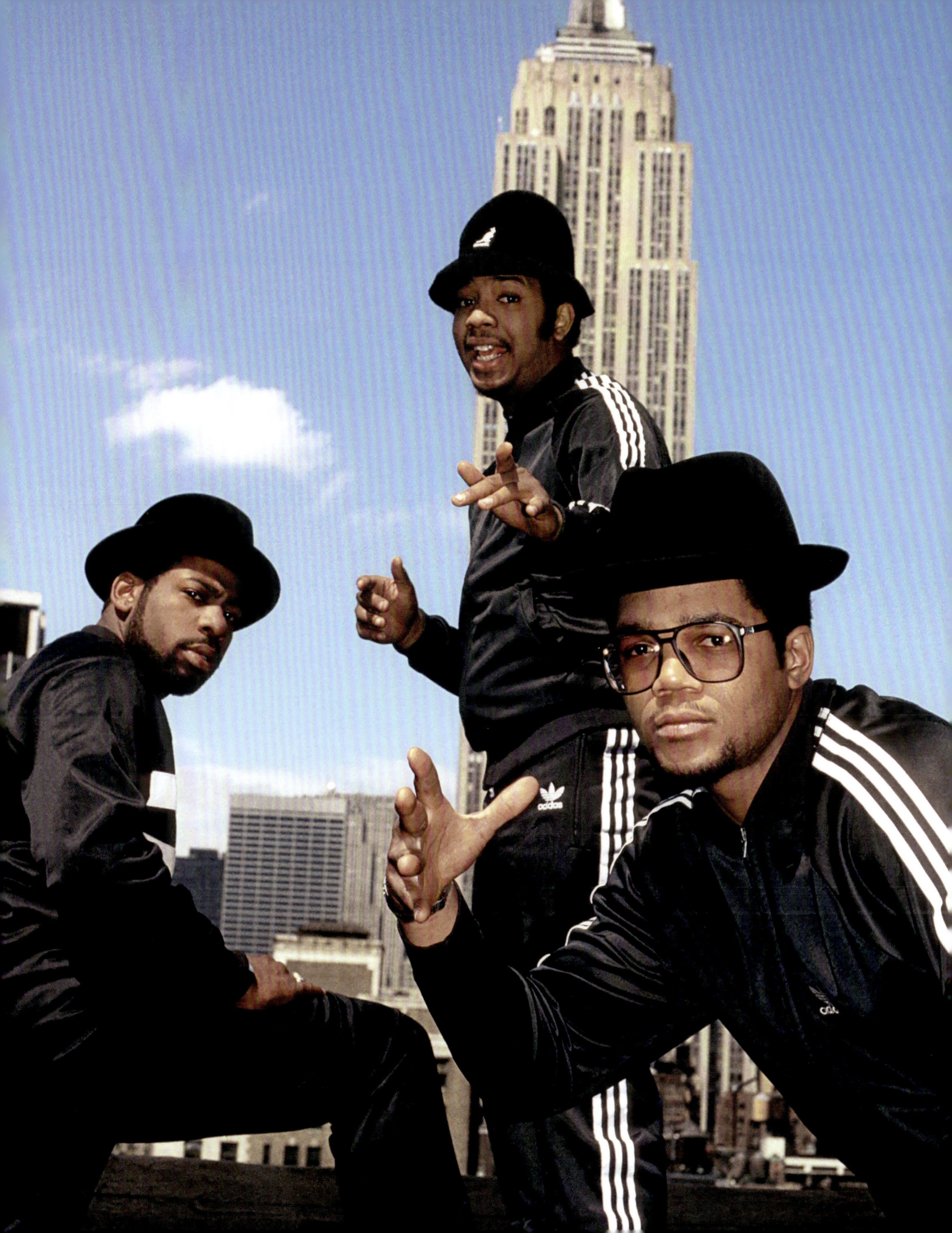

阿迪达斯（ADIDAS）

GAZELLE
20世纪80年代早期，红色版本的 Gazelle 被英国利物浦球队的球迷所喜爱。
现在这款运动鞋依然被英国足球队的"超级"球迷们穿在脚上。

KAREEM ABDUL-JABBAR · THE BLUEPRINT
卡里姆·阿布杜尔-贾巴尔，这位20世纪70和80年代的NBA球星，常常被认为是现代篮球运动员的典范，
所以这款鞋被称为"蓝图"，以向这位球星致敬。

JEREMY SCOTT - LETTERS

FLEETWOOD LOW

CRAZY

L.A. TRAINER

OREGON

ZX 500

MICROPACER

NIZZA

STAN SMITH X PHARRELL WILLIAMS

SUPERSTAR

TOP TEN

ZEITFREI

ZX FLUX

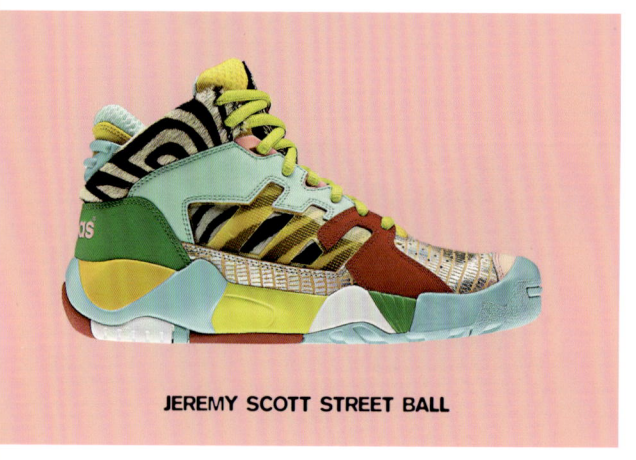

JEREMY SCOTT STREET BALL

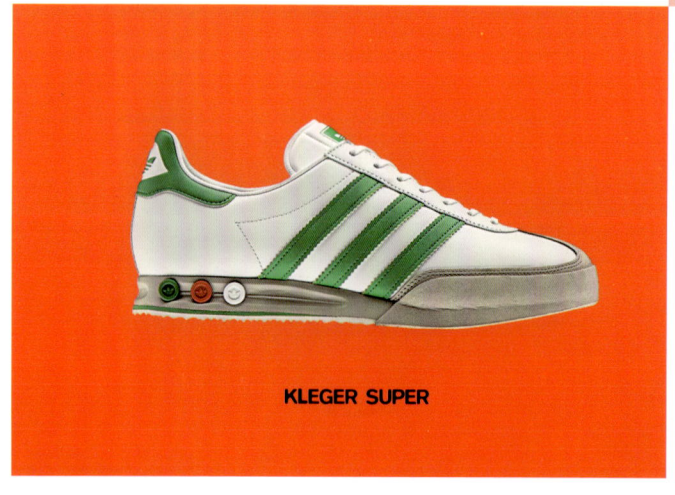

KLEGER SUPER

ADIDAS X KZK NASTASE

122

品牌争霸

JEREMY SCOTT - GOLD FOIL WINGS
这位当时的阿迪达斯艺术总监杰瑞米·斯科特（Jeremy Scott）给三道杠加上了一双翅膀。

DECADE
这个20世纪80年代篮球运动的象征，里面带有随后10年间阿迪达斯高帮运动鞋款的DNA。

123

阿迪达斯（ADIDAS）

ADIPOWER HOWARD 3
专为NBA休斯敦火箭队中锋德怀特·霍华德（Dwight Howard）而设计。

CONDUCTOR HIGH OLYMPIC
NBA纽约尼克斯队20世纪80、90年代的明星中锋帕特里克·尤因（Patrick Ewing）的这双鞋，曾在1988年首尔奥运会上出现过，上面带有韩国的三太极标志。这一标志源自中国道家学说，代表天（蓝色）、地（红色）、人（黄色）。

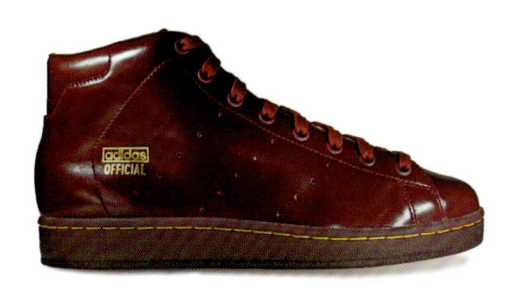

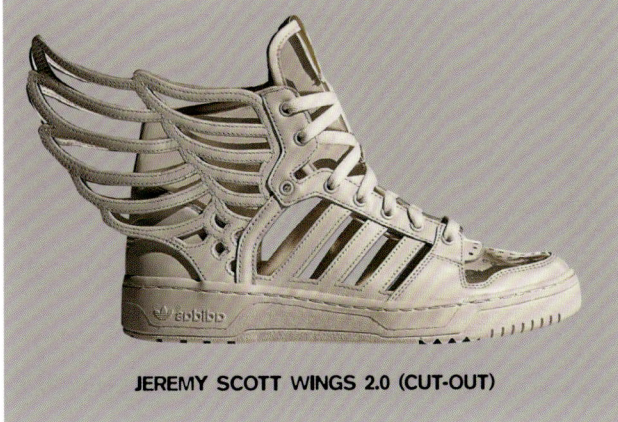

OFFICIAL	APS
JEREMY SCOTT WINGS 2.0 (CUT-OUT)	EQUIPMENT GUIDANCE
ADIZERO	INSTINCT
PRO-MODEL	ENERGY BOOST

彪马（PUMA）

不羁的品牌

彪马是一场兄弟之争的产物，擅长借助运动场上和时尚界的重量级人物来张扬自己的风格。

德国的黑措根奥拉赫镇是阿迪达斯和彪马两个品牌的发源地，这两家公司都是体育运动服装的主要供应商，相距只有4公里。对于一个人口只有2.3万人的小镇来说，这显得有点奇怪。这一切都源自鲁道夫·达斯勒和阿道夫·达斯勒两兄弟之间所发生的一次激烈争吵。这两兄弟自1924年开始就开办了制鞋公司，1948年春两人分手，大哥鲁道夫当年9月就创立了自己的彪马品牌。随后彪马开始将最杰出的冠军球队都吸引过来，与足球明星签署了令人瞠目的合约，这些明星包括贝利、尤西比奥、约翰·克鲁伊夫以及迭戈·马拉多纳。正是这些明星让彪马KING系列鞋款成为各地足球学校的首选。彪马吸引的对象还包括网球运动员，如圭勒莫·维拉斯和鲍里·斯贝克，随后是一级方程式车手迈克尔·舒马赫等。2007年之后，彪马被法国开云集团收购，最近这一段时间彪马品牌主要依赖的对象是牙买加短跑运动员尤塞恩·博尔特，并在与对手品牌的竞争中略显落后。尽管与许多时尚设计师展开合作，如亚历山大·麦昆、侯赛因·卡拉扬等，彪马的最畅销鞋款依然是Clyde系列。

圆盘

20世纪90年代早期刮起了一股技术创新的旋风，如扭力条、气垫系统、气泵系统等。彪马也于1992年3月推出了自己的圆盘（DISC）系统，可以通过旋转位于鞋面上的一个圆盘将鞋系紧。

1968年在墨西哥城举办的夏季奥运会上，短跑运动员汤米·史密斯和约翰·卡洛斯在领奖台上抗议美国的种族歧视。

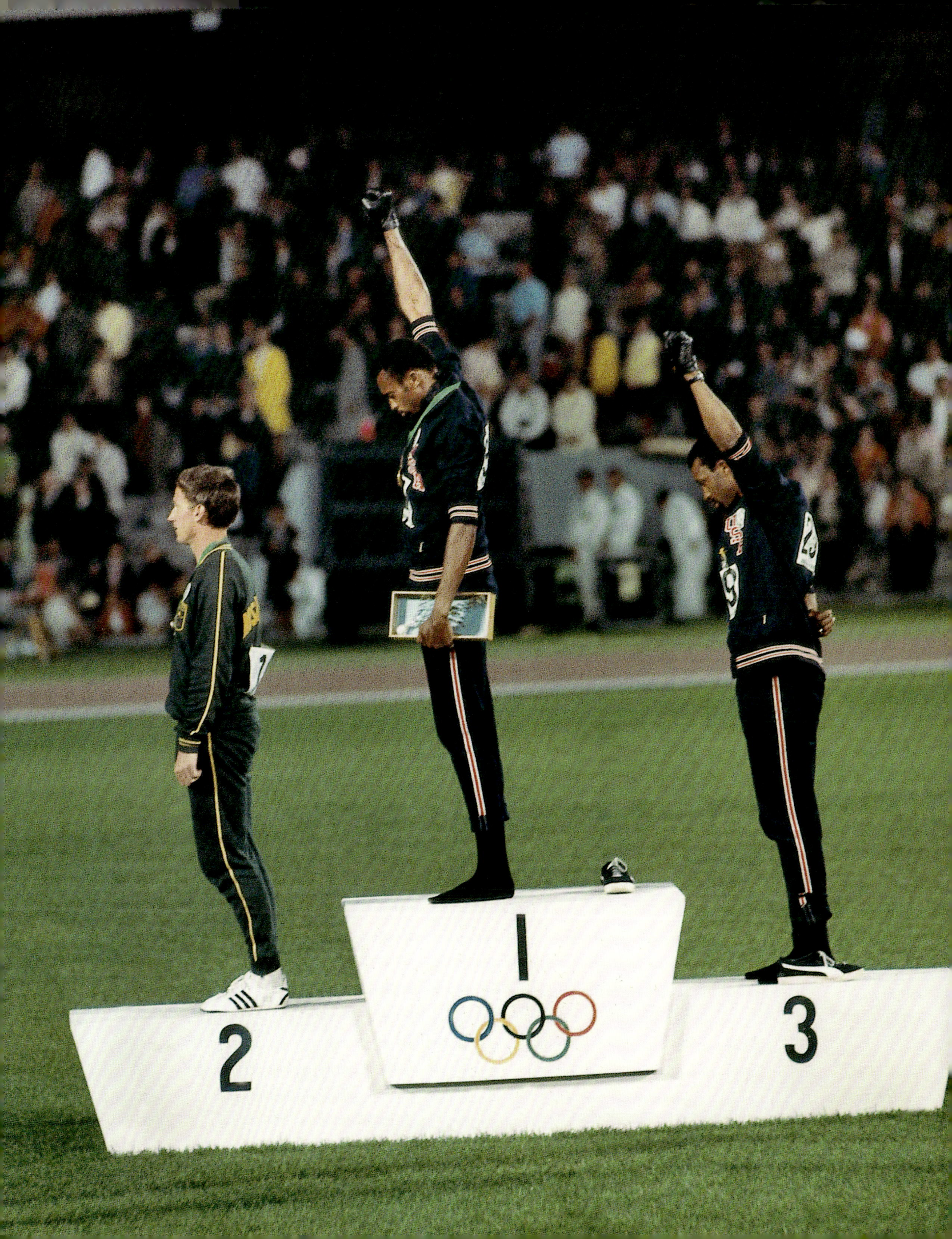
2
1
3

汤米·史密斯（TOMMIE SMITH）
为民权发声

1968年10月16日，在墨西哥城举办的奥运会200米比赛领奖台上，当美国国歌奏响的时候，美国运动员汤米·史密斯和约翰·卡洛斯将戴着黑手套的拳头高举过头——这是黑人权力敬礼（the Black Power Salute）的手势——以表达他们对美国国内民权运动的支持。但是他们在站上领奖台之前小心地脱下脚上的彪马绒面运动鞋并将其放在领奖台上，脚上只穿着袜子，这到底又是为了什么呢？是宣传的噱头吗？汤米·史密斯后来对此进行了解释*。

"观众们当时并没有马上明白我的手势是什么意思，因为从来没有人在登上领奖台时带着一双运动鞋，除非是穿在脚上！这个动作并非彪马的宣传噱头。就像我举起的拳头以及手上的黑手套一样，不穿鞋、只穿着袜子登上领奖台也是带有政治内涵的。这是为了表达美国黑人依然处在贫困当中，并提醒每一个人，我们的许多同胞还买不起这样的一双运动鞋，包括我自己在内！多年以来我曾经穿着其他品牌的鞋子打破过十几项纪录，却从来没有收到过一分钱。我得不到帮助，收不到来信，也没有任何鼓励。在墨西哥城奥运会上，撑竿跳运动员、铁饼运动员、铅球运动员穿上这样的鞋会得到报酬（当时这种行为依然是被禁止的）。但我汤米·史密斯，一位黑人运动员，从没有得到任何东西。我甚至还要四处找人要钉鞋去参加比赛。那时候我和我妻子甚至都快付不起房租了，而我们还有一个10岁的儿子。我当时是十几项纪录的保持者，但是却依然要去给人洗车赚钱、捡空瓶子送到商店里换钱来给儿子买牛奶。在奥运会开始之前几个月，我通过一位朋友介绍认识了彪马的管理层。我告诉了他们我所面临的财务窘境，以及我们都需要什么。他们告诉我说：'好吧，如果你想要加入这个大家庭，我们可以为你做下面的这些事情。'然后他们就买了一些特殊配方的牛奶，正是我儿子所需要的。我儿子凯文后来成了世界级的跳远运动员，曾经与迈克·鲍威尔（1991年和1993年的跳远世界冠军）一起比赛过。从那以后，我就一直对彪马忠心耿耿，不仅仅是因为其产品质量，而且还因为其具有良好的价值观和友好的态度。"

*注：汤米·史密斯当时正在接受本书作者及保尔·米凯尔（Paul Miquel）为法国杂志GQ所做的访谈，时间为2008年6月。

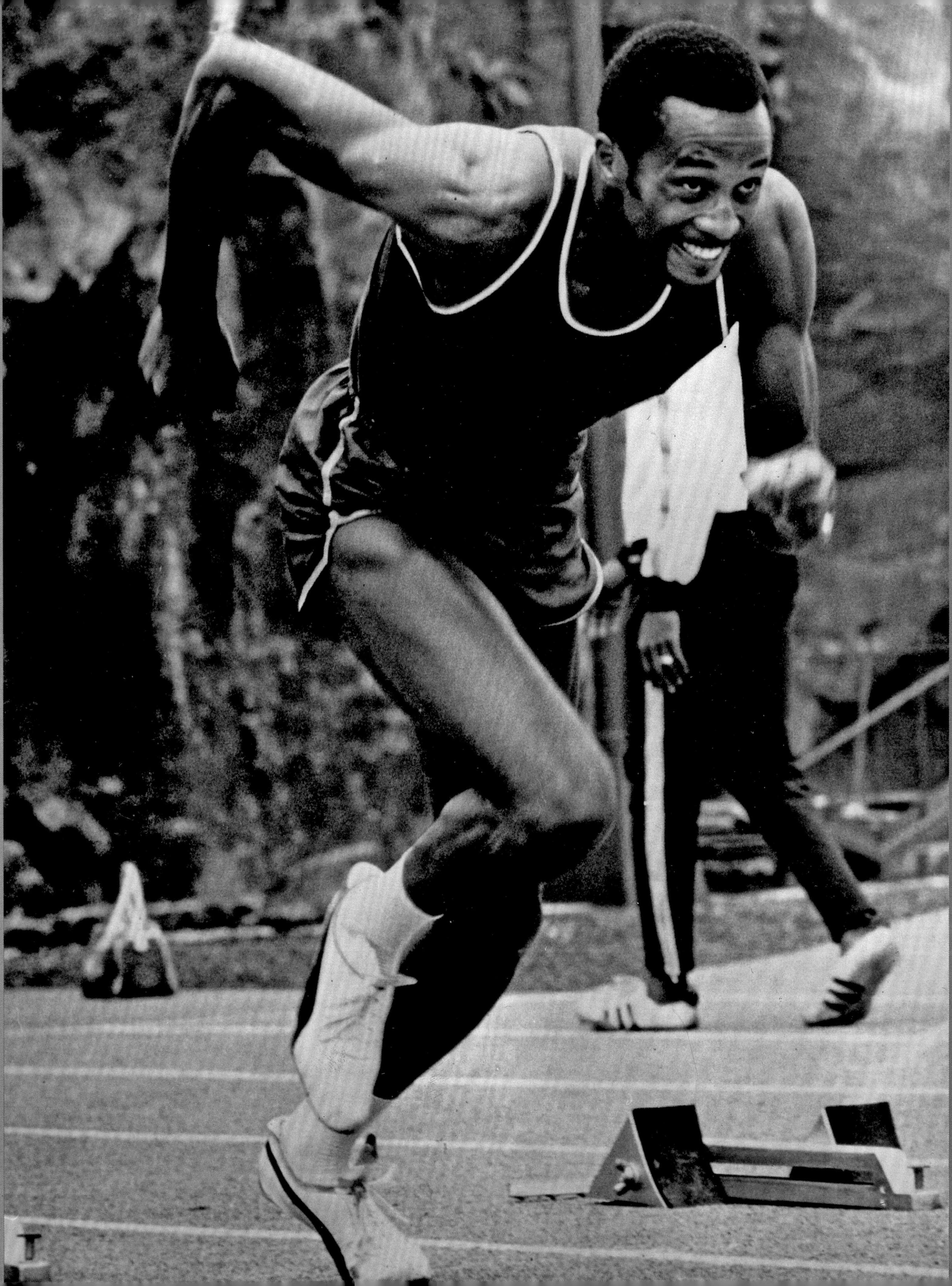

彪马（PUMA）

MOSTRO
没有人会为这双鞋的成功赌上一分一毫，因为除鞋的设计十分怪异之外，还配上了双交叉的Velcro尼龙搭扣，鞋底专为登山而设计。但是这款鞋却成为彪马最畅销鞋款之一。

SPEED CAT
这款一级方程式赛车手用鞋配置了橡胶一样的鞋底，21世纪初曾经每三个学生当中就有一个穿着这样一双鞋。但是这款鞋很快就消失了，就像出现的时候一样快。

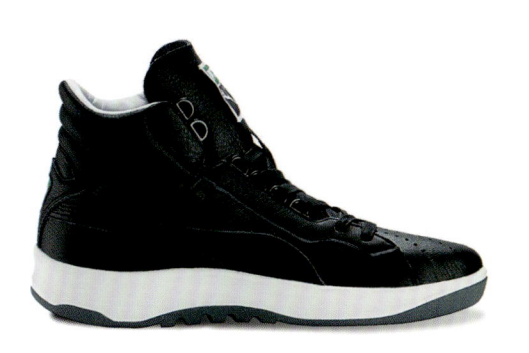

CHALLENGE ADVANTAGE

EASY RIDER

ARCHIVE LITE

CARO

CATSKILL CANVAS

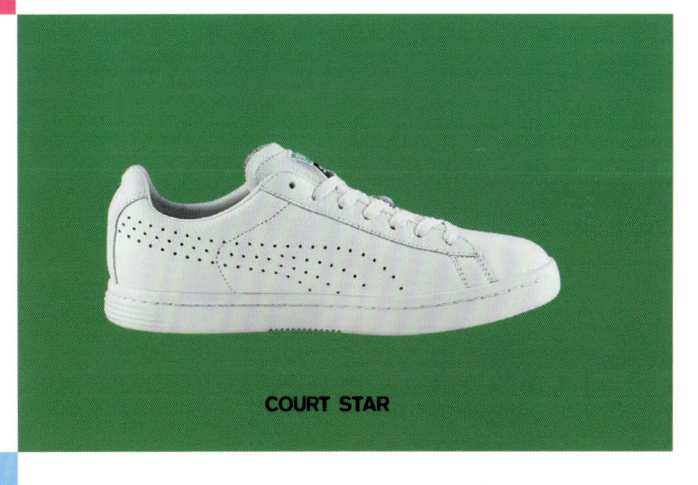

COURT STAR

EL SOLO

STEPPER CLASSIC

TAHARA

EVERFIT

MEXICO

CLASSIC HIGH

'48

ICRA

MATCH

FIELDSPRINT

132

品牌争霸

DALLAS
Suede 鞋款的极简主义风格版本，被欧洲的街舞男孩们采用。

RS1
1985年，彪马尝试推出一种领先时代30年的技术，一款配备了计算机的跑鞋，能够将运动员可能会用到的所有有用数据都记录下来。RS-Computer 只走到原型设计阶段就再也没有走下去，但是RS1却成功了：同样的设计，只是没有了相关的技术。

彪马（PUMA）

TRIMM-QUICK
配备了SPA技术的运动鞋（SPA的含义是"运动后跟"），可以保护脚后跟，将受伤的概率降低30%。

SKY II
这款运动鞋意图实现牢固和轻量两个目的，配备的Velcro双尼龙搭扣可以确保为脚踝提供完美的保护。这款鞋被NBA洛杉矶湖人队和波士顿凯尔特人队采用。

SMASH

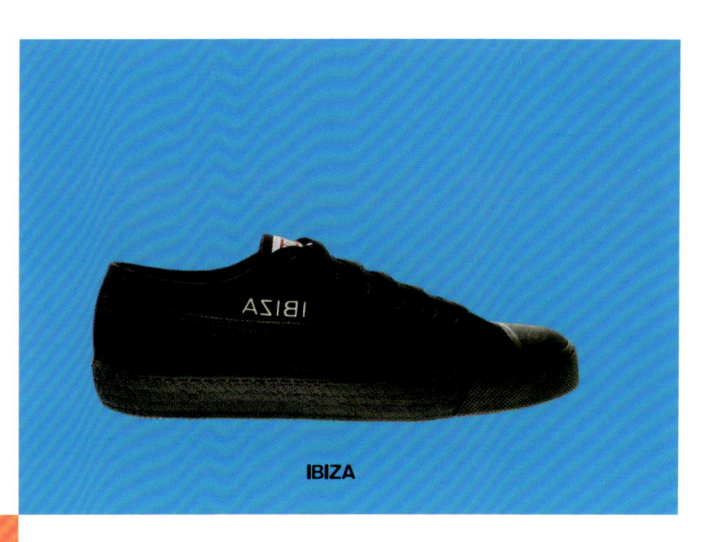

IBIZA

REBOUND

TARRYTOWN

ELSU BLUCHERTOE CANVAS

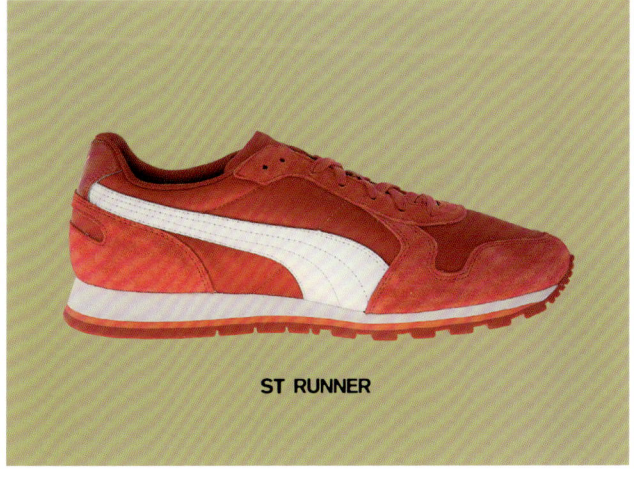

BEAST

ST RUNNER

FAAS 500 M

135

新百伦（NEW BALANCE）

完美的均衡

这个美国品牌创建于1906年，最初专门生产矫正鞋底，但是经过多年发展已经成为一个具有代表性的品牌，受到跑者和时尚达人的共同追捧。

  当你穿上一双新百伦运动鞋的时候，一定会对其令人难以置信的舒适感感到惊讶。这个品牌成立于1906年，是由来自英国的移民威廉·莱利在波士顿郊区创建的。新百伦最初主要生产矫正鞋底和鞋，其产品中包含了一个建立在三个支撑点上的灵活的足弓支撑，其灵感来自鸡的爪子，因为鸡爪上的三个脚趾可以提供完美的平衡。1927年，莱利聘任亚瑟·霍尔为推销员，霍尔签署的第一批合同来自马萨诸塞州及罗德岛的警察局和消防部门。1925年，新百伦为当地的一家田径俱乐部（Boston Brown Bag Harriers）生产出了自己的第一款跑鞋。但是直到1961年，当新百伦推出了带有小的鞋钉并且具有多种宽度的Trackster之后，这个品牌才真正在体育运动市场打响，并成为一个成功的跑鞋品牌，正如其今天的地位一样。新百伦同样著名的一件事情是给自己鞋款的命名都带数字，这在时尚界也很流行，而且新百伦不太赞同长期将批量生产转移到东南亚地区。截止到2006年，新百伦大约70%的鞋都在美国以及英国的弗林比工厂生产，而其他品牌很早就已经将生产移出本地了。

  2013年，新百伦聘请了其第一位代言人，加拿大网球运动员米洛斯·拉奥尼克，并自此以后一直坚称，新百伦的专业技能和品牌声望已经足以承担起该品牌之下所有鞋子的销售了。

20世纪90年代

美国前总统比尔·克林顿无意之中为新百伦的成功出了一把力，因为他在高调慢跑时穿的就是一双新百伦1500。

996 "*American Flag*"。新百伦目前依然坚持在美国本土生产自己的一些鞋款。

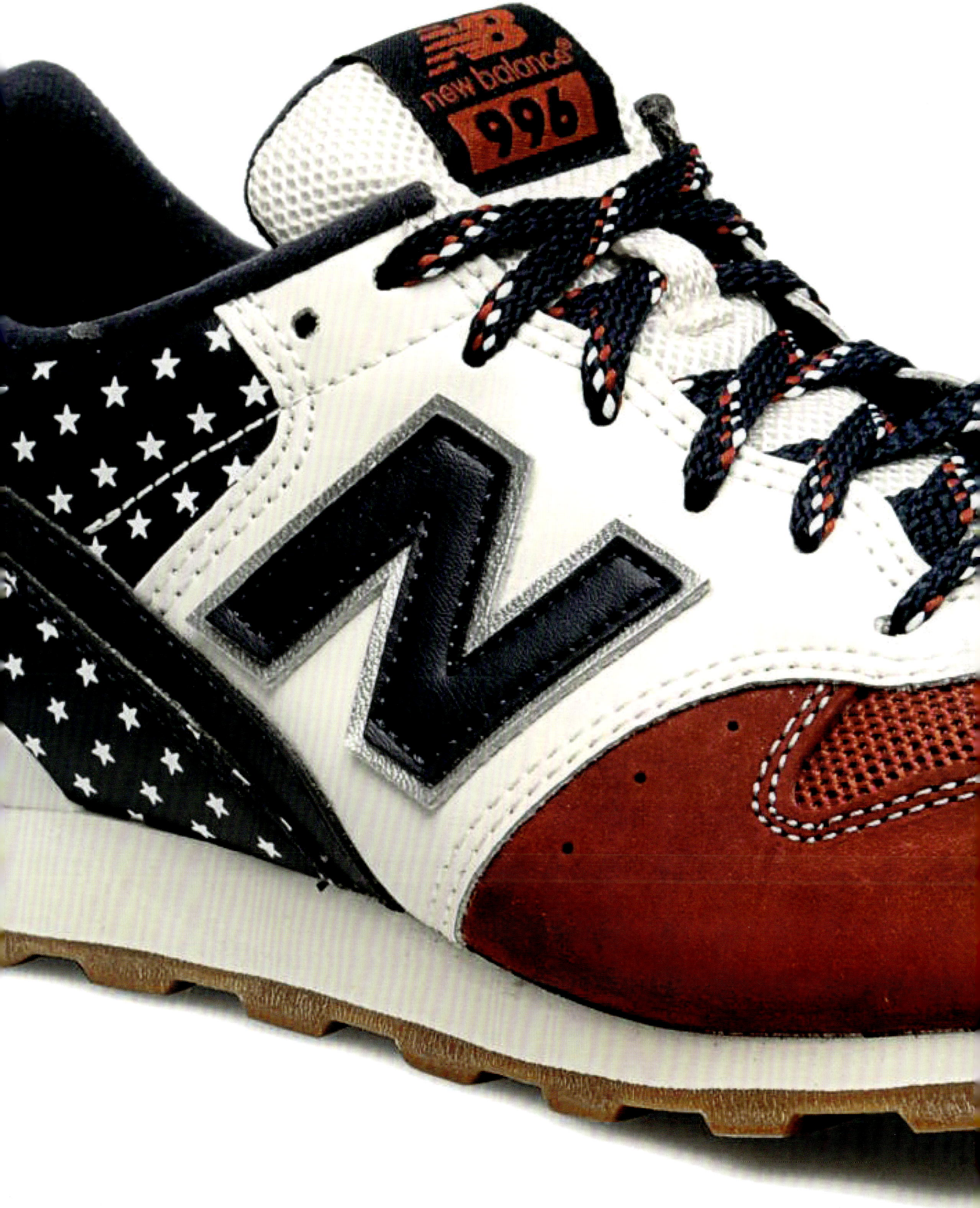
new balance
996

新百伦（NEW BALANCE）

NB 992

苹果公司前CEO 史蒂夫·乔布斯总是身着同样的服装主持公司的新品发布会，如褪色的牛仔裤，黑色的三宅一生高领毛衣，以及一双新百伦992。这款鞋现在已经成了受人顶礼膜拜的鞋款。

M1500

20世纪90年代，正处在低谷期的新百伦发现自己有了一个不太可能的代言人——美国总统比尔·克林顿，他每天慢跑时穿的就是新百伦1500。

CT300

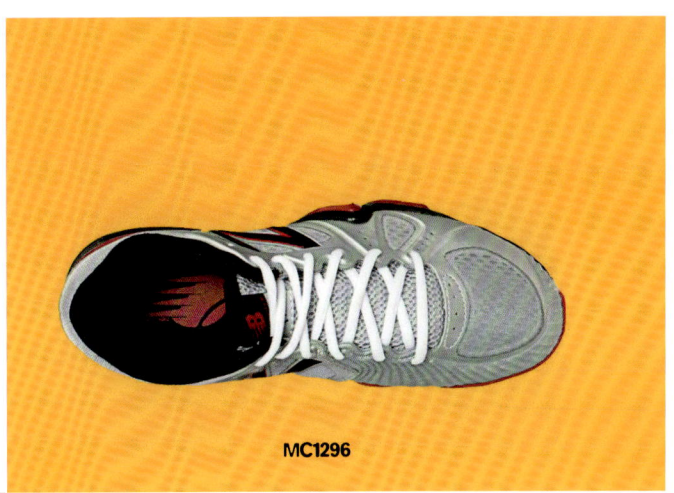

MC1296

M530

MRT580 X MITA SNEAKERS

M577

M670

K1300

M997

M997

CM1600

M574

M999

711 FITNESS

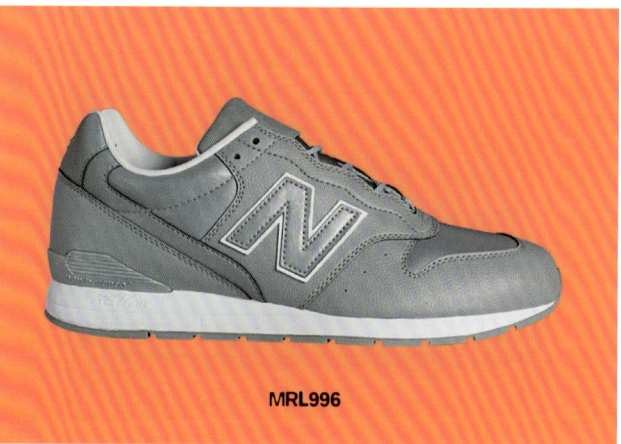

MRL996

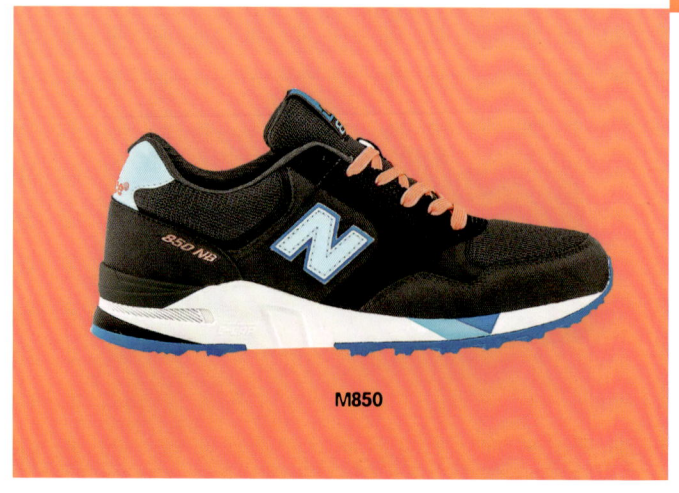

M850

M576

140

NB 990 MADE IN USA
一个独特的鞋款，在2012年美国总统竞选活动开始之前，该款鞋被赠送给巴拉克·奥巴马，用以提醒他美国本土工业的重要性。

NB 420
这款周末运动鞋几乎家喻户晓，它还有个绰号叫作"烧烤"（Barbecue），因为这款鞋与休闲好时光密切关联，同时也因为其极高的受欢迎程度。

新百伦（NEW BALANCE）

H710
这款鞋所具有的登山靴外表与传统的新百伦跑鞋相比很有些离经叛道。

NB 980
其带有棱纹的鞋底包含新一代的减震系统"Fresh Foam"，很受跑者欢迎。

WL574

U410

M373

CONCEPTS X NB 998

CM620

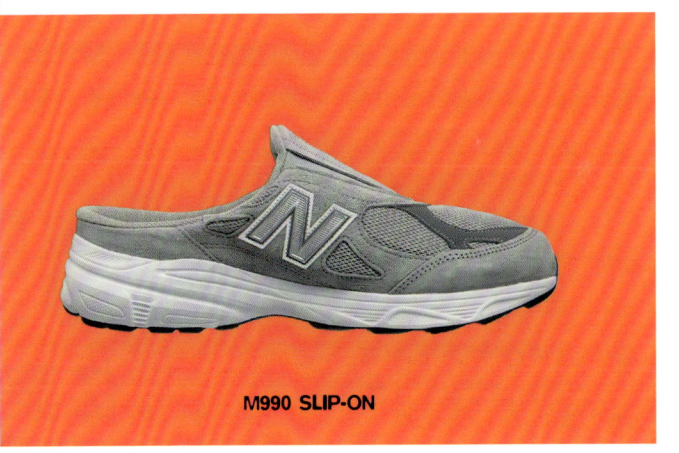

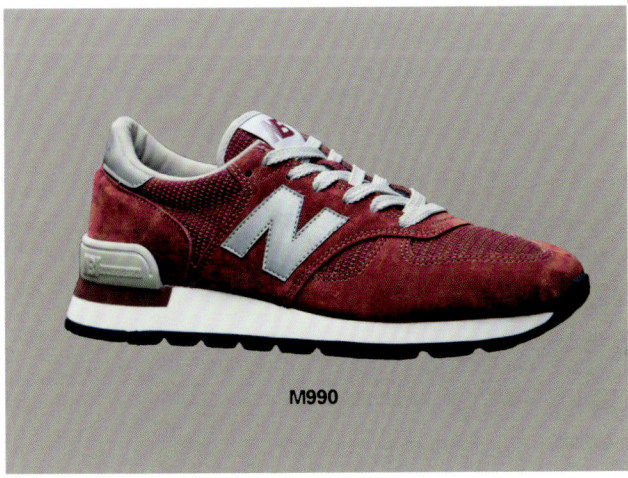

M990 SLIP-ON

M990

M1400

143

锐步（REEBOK）

泥足巨人

独占创新巅峰达100年之后，这家英国品牌在阿迪达斯的帮助下已经从灰烬中慢慢崛起。

毫无疑问，锐步创造了多项关键性的第一。1895年，锐步创建于英格兰西北部的波尔顿，远远早于其未来的对手，如阿迪达斯、彪马或耐克。约瑟夫·威廉·福斯特的这家公司主要生产手工缝制的跑鞋，1924年巴黎夏季奥运会上运动员穿的就是这种跑鞋。1958年，他的孙辈们重新将公司命名为Rhebok，这是一种非洲羚羊的名字。锐步是第一个用单价60美元冲击美国运动鞋市场的品牌（1979年）、第一个推出专为女士设计的健身鞋款（自由式）的品牌，也是第一个引入手动压缩空气系统（气泵，1989年）并借此颠覆消费者习惯的品牌。当然，锐步也有不太正面的第一。变革关键期即21世纪初，锐步成为第一个由于自身原因败给竞争对手的品牌，尽管其当时拥有豪华的代言人队伍：篮球运动员沙奎尔·奥尼尔和阿伦·艾弗森、网球运动员维纳斯·威廉姆斯。2005年被阿迪达斯收购后，锐步花了5年的时间重新设计其健身鞋系列，并将重点放在了Cross Fit上面。这是一款类别极为模糊的运动鞋，将体操、举重、跑步和其他运动的要素都融合在了一起。

35亿美元

这是2005年8月3日阿迪达斯善意收购锐步的价格，而锐步的年销售额在此之前20年就已经超过了15亿美元。

气泵鞋，20世纪90年代的校园必备品。

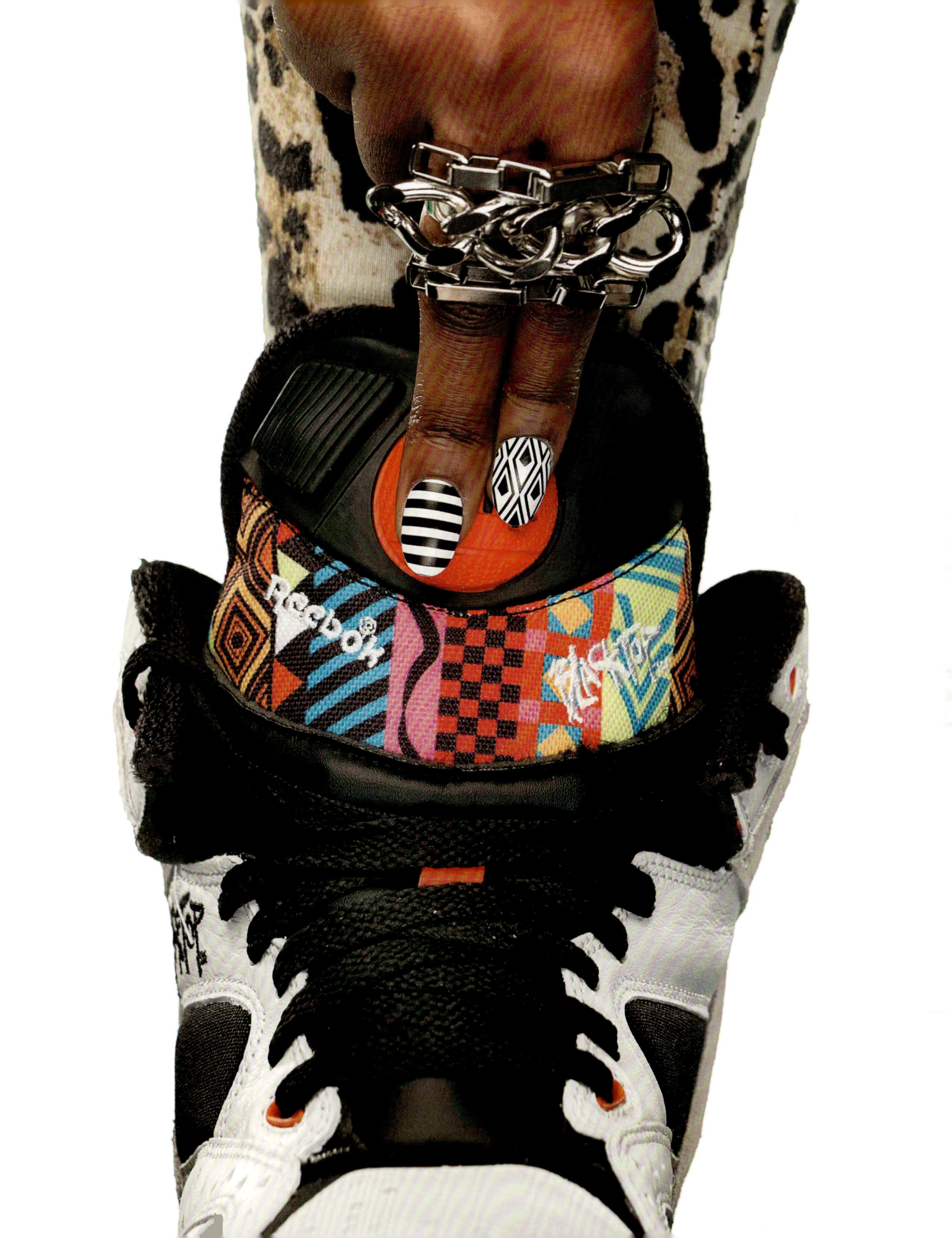
Reebok

锐步（REEBOK）

BETWIXT
女式健身鞋，由艺术家奥尔卡·奥萨金斯卡（Olka Osadzińska）重新设计。

WORKOUT MID STRAP GREEN NEON X KEITH HARING
美国艺术家、画家和雕塑家在锐步2014春/夏收藏品上做出的标记是不可复制的。

BB4600 HIGH

COMMITMENT MID

ERS 2000

PRO LEGACY

GL 1500

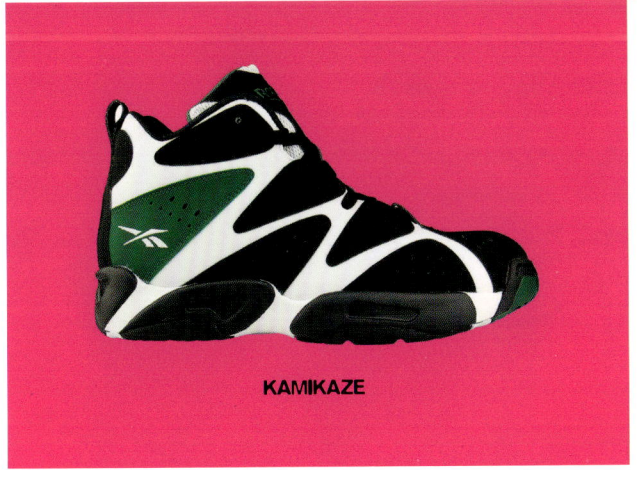

GRAPHLITE

KAMIKAZE

LX8500

CLASSIC NEO LOGO

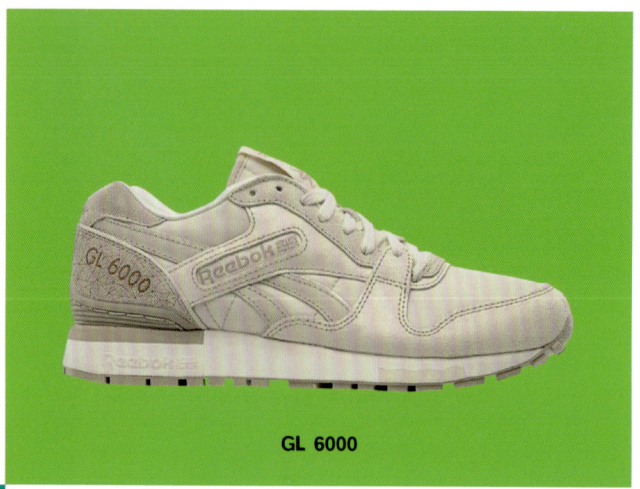

GL 6000

KAMIKAZE II

ROYAL MID

PRINCESS

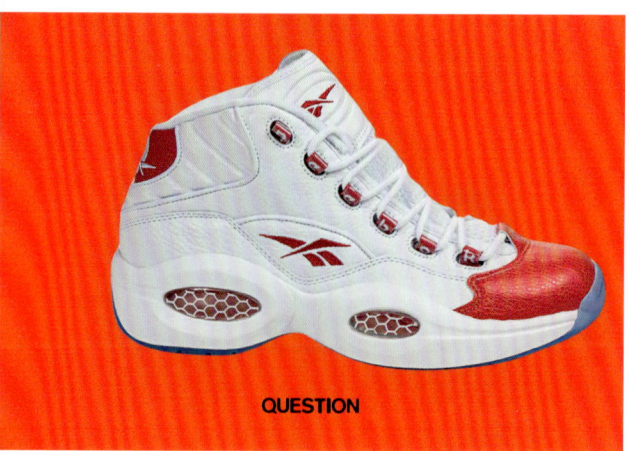

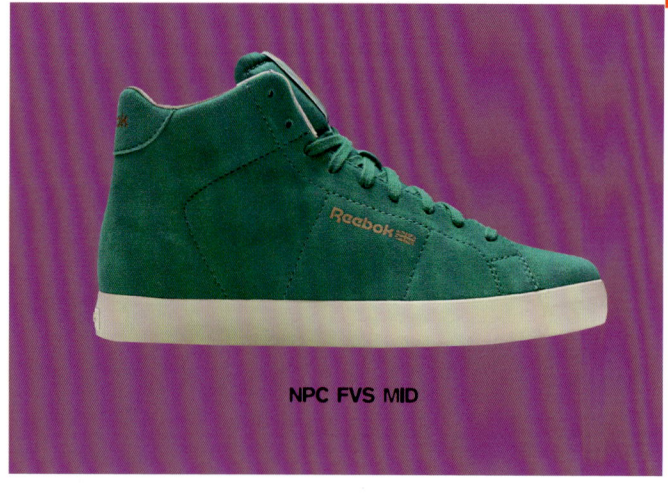

QUESTION

NPC FVS MID

INFERNO

148

品牌争霸

DMX 10
1997年，锐步推出了一项新的减震技术DMX，以抗衡耐克气垫鞋的霸主地位。

REALFLEX FUSION TR
这一运动场上的明星，其鞋底由53个细小且各自独立的防滑钉组成，以充分响应脚的动作。

锐步（REEBOK）

SHAQNOSIS

20世纪90年代，锐步推出了一个名为Shaq Attaq的运动鞋系列，暗喻篮球明星沙奎尔·奥尼尔极具进攻性的球风。在这个系列当中，Shaqnosis是最有名的一款。

THE BLAST

在杰出的篮球运动员尼克·范·埃克塞尔的帮助下，这款鞋在20世纪90年代非常出名。

Q96

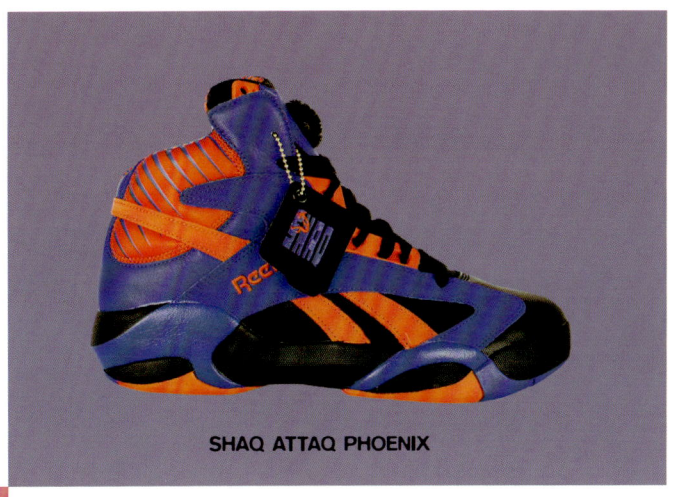

SHAQ ATTAQ PHOENIX

KAMIKAZE III

SOLE TRAINER

VENTILATOR

CLASSIC JAM

REEBOK ANSWER 1

WORKOUT PLUS

151

匡威（CONVERSE）

与生俱来的运气

直到20世纪80年代晚期，匡威都是体育用品市场的一大热点，现在又携其明星级的运动鞋——全明星（All Star），成为休闲时尚领域的栋梁。

在美国马萨诸塞州莫尔登市，1908年的一天，马奎斯·米尔斯·匡威在楼梯上滑了一跤，自此决定制作一双鞋底具有较强抓地力的鞋。至少在有关匡威的传奇故事里就是这么说的……最起码有一点是肯定的，那就是米尔斯用他母亲娘家姓氏匡威，命名了他新成立的公司。匡威还是他第四个堂兄伊利沙的姓氏。伊利沙是镇上很受欢迎的市长，也是一个工业家，靠生产橡胶鞋发家致富。所以这个名字起得非常聪明。匡威橡胶鞋公司很快就生产出了4000双带毛皮衬里的靴子，但是这位精明的商人早就有了更大的计划。1917年，他开始生产一种运动鞋，即匡威全明星，6年之后这款鞋拥有了其最佳推销员查克·泰勒（Chuck Taylor）的名字。这款鞋最终的销售量达到了创纪录的8亿双。20世纪70年代，匡威拿到了为美国伞兵部队制作靴子的合同，随后又从B.F.Goodrich公司买下了Jack Purcell这款鞋的生产权，这款鞋的名字来自一位加拿大羽毛球运动员。此后，匡威公司通过赞助1984年洛杉矶奥运会，把品牌与著名篮球运动员的名字，如朱利叶斯·欧文、拉里·伯德、"魔术师"约翰逊，以及与网球运动员的名字，如吉米·康纳思和克里斯·埃弗特等联系在一起，进一步提高了自己的声望。但是，在20世纪90年代匡威无法跟上竞争对手的脚步，为了偿还其高达2.26亿美元的债务而不得不接受了一项由耐克提出的收购要约。2003年，匡威被耐克收入旗下。

100 000
美元

这是匡威与NBA球星拉里·伯德和"魔术师"约翰逊签订的代言合约的年度总金额。当然，这都是过眼云烟了。

查克·泰勒的广告，出自艺术家罗伊·利希滕斯坦（Roy Lichtenstein）之手。

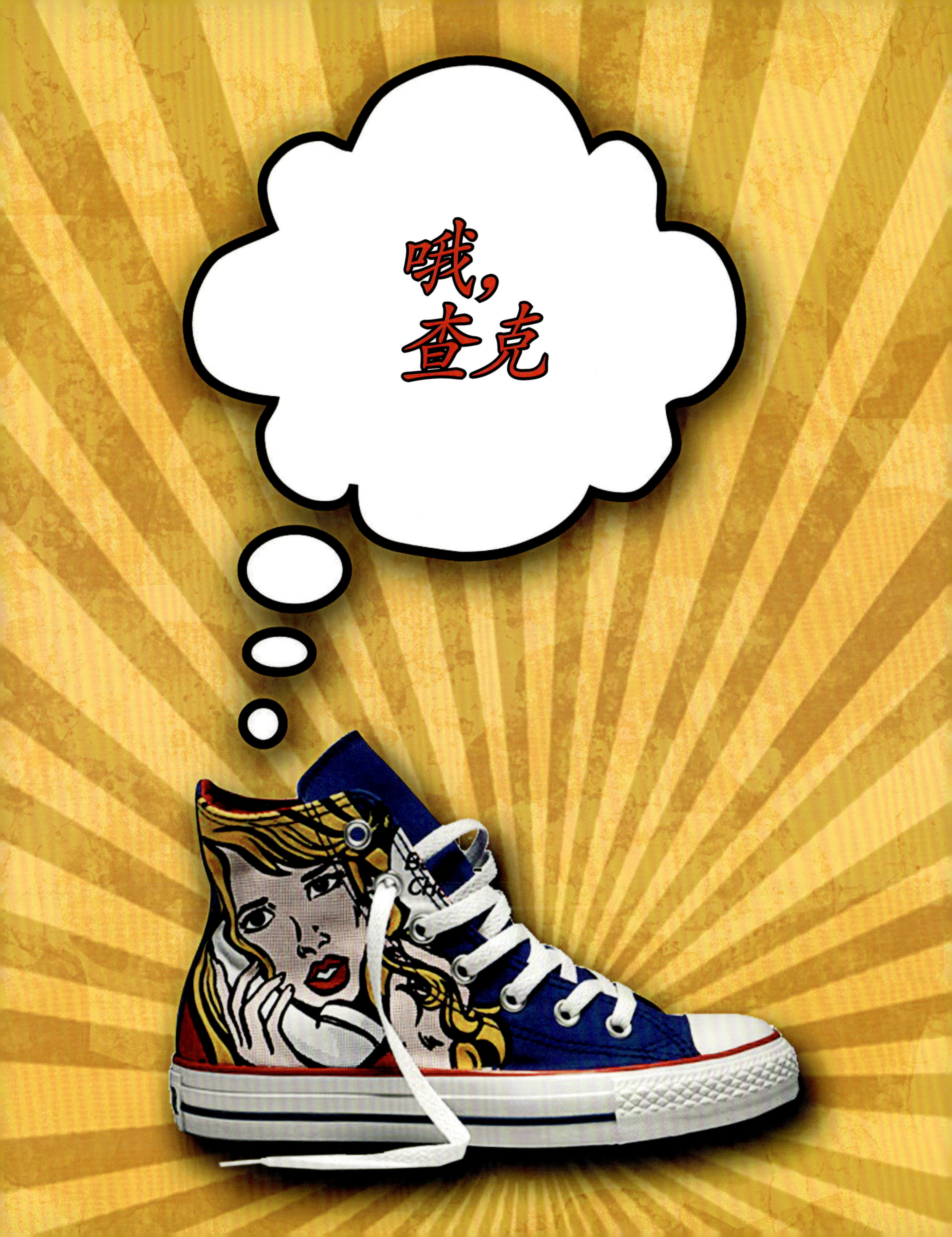
哦，查克

埃尔维斯·普雷斯利（ELVIS PRESLEY），1962年
图片中这位未来的猫王正在1962年《随梦前行》的片场。此时匡威全明星早已被美国工薪阶层所接受，现在成为扮酷一族的首选运动鞋。

科特·柯本（KURT COBAIN），1990年

科特·柯本，天堂乐队主唱歌手，外搭并没有多少改变：一件稍长的羊毛衫，一件洗得褪色的衬衣或已经走形的T恤衫，一条旧牛仔裤，脚上总是穿一双匡威鞋，通常是黑色全明星款，有时是Jack Purcell款。

匡威（CONVERSE）

KA-ONE
滑板爱好者喜欢的匡威，由滑板传奇人物肯尼·安德森（Kenny Anderson）重新设计。

MALDEN ARCTIC
匡威重拾传统鞋款，当时这款鞋的设计目的是在冬天让脚保持温暖。

AERO JAM 2

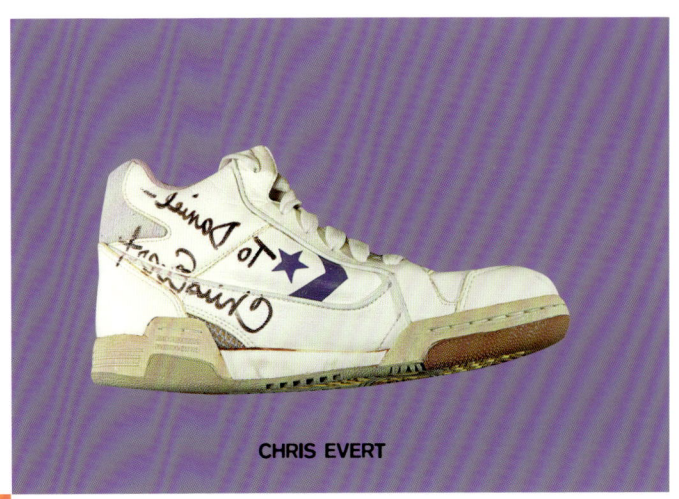

CHRIS EVERT

BREAKPOINT

CTS OX CAMO

PRO STAR

PRO BLAZE

MATCHPOINT

ONE STAR BY JOHN VARVATOS

157

PRO FIELD HI	TRAPASSO PRO
MALDEN RACER	ROADSTAR
CHUCK TAYLOR BOOT	STAR PLAYER
SEA STAR	TIME LINE ONE STAR

品牌争霸

WEAPON MAGIC JOHNSON
采用NBA洛杉矶湖人队配色的运动鞋，还有"魔术师"约翰逊的加持，他将这款鞋视为自己最喜欢的鞋款。

JACK PURCELL
鞋头是一个微笑的形状，所以极具特点。
这款优雅的网球鞋由与鞋款同名的加拿大羽毛球运动员设计，时间为1935年。.

匡威（CONVERSE）

PRO LEATHER DR J
令人惊艳的朱利叶斯·欧文，绰号"J博士"，就是穿着这款明星运动鞋赢得了他的唯一一次NBA总冠军，那是在20世纪80年代早期。这款鞋后来成为阿迪达斯 Pro Model 的灵感来源。

CHUCK TAYLOR ALL STAR
这是经典的All Star数百种艺术变形中的一种。

CVO

PRO LEATHER

STAR PLAYER HIGH

GATES

DWAYNE WADE

STAR TECH

ICON PRO

ODESSA

亚瑟士-鬼冢虎（ASICS-ONITSUKA TIGER）
稳赢的赌注

这个日本品牌是跑鞋市场具有历史意义的领跑者，并借助其Mexico 66和Gel Lyte III两款产品在运动鞋市场享有极高的声望。

日本制鞋名匠鬼冢喜八郎在1949年他31岁的时候制作出了第一双运动鞋，起初针对的目标是篮球场，不久之后转向跑步运动，并因此而使这个品牌变得世界闻名，直至今日。1951年，一位名叫田中茂树的运动员穿着鬼冢喜八郎制作的第一双跑鞋以第一的名次跑过了著名的波士顿马拉松的终点线，当时这款鞋的设计特点是为了避免让穿鞋的人脚上长水泡而采用了柔软材质。这个品牌在随后10年的时间里很快走上了国际舞台，先是在1964年的东京奥运会上，劝说上届（1960年罗马）奥运会中光脚赢得马拉松冠军的阿比比·比基拉穿着一双鬼冢虎跑鞋卫冕马拉松冠军；然后在1966年，推出了新鞋款Mexico，这也是鬼冢虎第一款鞋侧帮上带有"划痕"图标的设计，在1972年的《死亡游戏》中由于李小龙穿着这款鞋而使其名声大噪。就在同一年，鬼冢虎在美国的分销商菲尔·奈特受其日本供应商的启发，建立了未来的耐克帝国。1977年，鬼冢虎与体育运动服装品牌GTO和Jelenk合并成立了亚瑟士（ASICS）。在20世纪80年代中期的科技创新狂潮当中，亚瑟士发明了Betagel，一种用凝胶和硅树脂合成的减震材料，这种材料被注入Gel Lyte II的鞋底当中，成就了一款最畅销的跑鞋。就像其竞争对手一样，亚瑟士在过去的20年时间里也对其他领域进行了探索，如网球和橄榄球运动等，不过亚瑟士避免了其竞争对手曾犯的错误，并没有忽视其核心业务领域，所以在跑步领域，亚瑟士迄今依然牢牢占据着世界第一的位置。

ASICS 是一个拉丁短语的首字母缩写，其含义是"健康身体里的健康灵魂"。

李小龙在电影《死亡游戏》（1972年）中穿着一双Mexico 66。

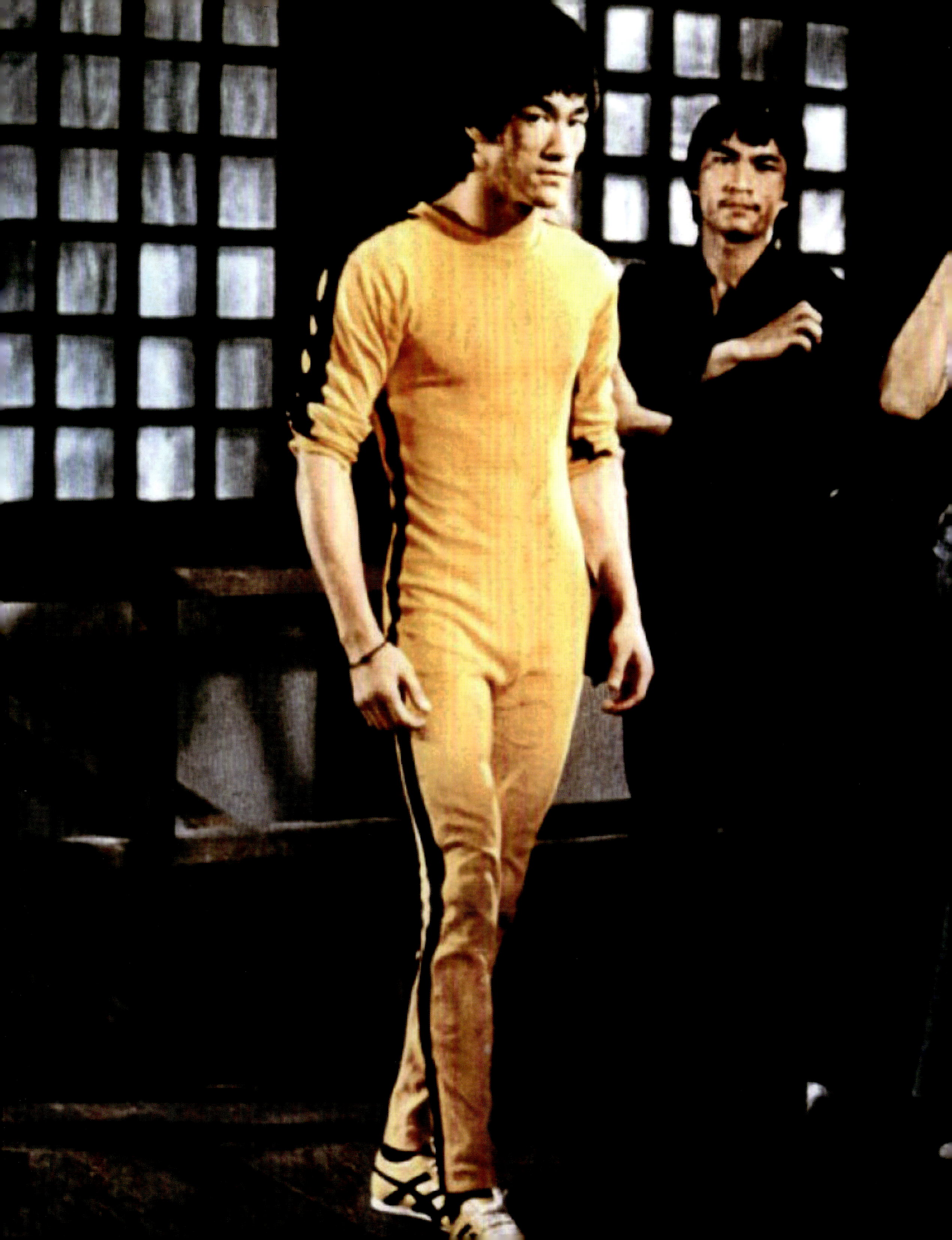

亚瑟士-鬼冢虎（ASICS-ONITSUKA TIGER）

GEL LYTE III
由这家日本品牌开发出来的最先进的跑鞋，现在成了潮人的标志。

ULTIMATE 81
Mexico的表亲，加上了华夫饼图案的鞋底，2002年以Ultimate 81 SD 的名字再次发布并获得巨大成功。

BURFORD

LAWTON

FARSIDE

MEXICO 66

GEL SUPER J33

GT 1000

SUNOTORE LE

GEL SAGA

165

LAWNSHIP

CURREO

T-STORMER

GEL LYTE 33

OC RUNNER

COLORADO EIGHTY-FIVE

GEL PURSUE 3

GEL KINSEI 5

品牌争霸

TAI-CHI
武术专门款，因乌玛·瑟曼在2003年电影《杀死比尔》中的出色表演而长盛不衰。

GEL NOOSA
这让铁人三项选手的脚下步步生辉。

亚瑟士-鬼冢虎（ASICS-ONITSUKA TIGER）

GEL LYTE II SOLD OUT
这款鞋只生产了100双，由巴黎精品店 Colette 和设计事务所 La MJC设计。

FABRE
这款鞋的名字是把"快攻"（Fast break）的两个英文单词缩略在一起产生的，快攻是篮球比赛中的一种战术，整个球队从防守阵型突然转换为进攻阵型。

SAKURADA

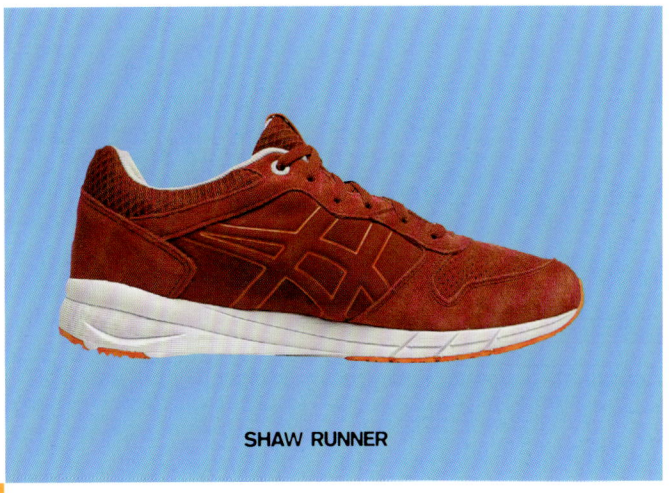

SHAW RUNNER

SHERBONE RUNNER

AARON

TIGER CORSAIR

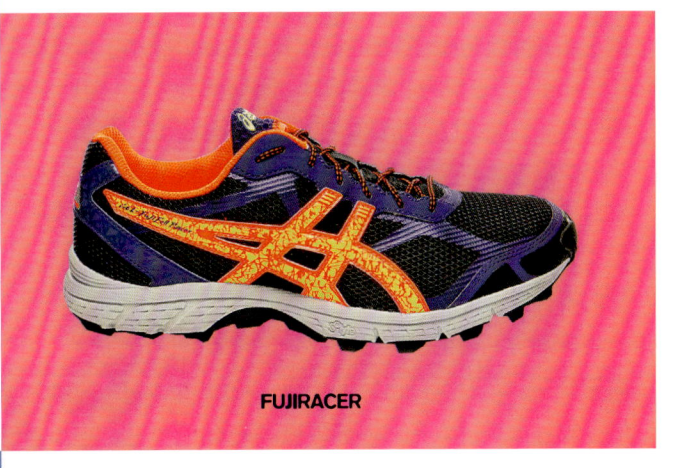

FUJIRACER

GOLDEN SPARK

NIMBUS 16

范斯（VANS）

滑板者的标志

从20世纪70年代中期开始，范斯就以其柔韧、牢固、多彩的运动鞋主宰了滑板运动市场。但是后来的发展却又急转直下。

1965年，35岁的保罗·范·多伦决定要放弃所拥有的一切，带着妻子和五个孩子还有他的弟弟詹姆斯·范·多伦搬到加利福尼亚去，他当时是一家名为兰迪的制鞋公司的副总裁，公司位于美国东海岸。几个月之后，两兄弟就开了他们的第一家范斯商店，位于阿纳海姆。由于两人都是体育运动的狂热爱好者，所以他们决定亲自负责自己生产的滑板鞋的分销，以便让鞋的价格保持较低水平。1976年，范斯发布了一款让他们声名远扬的滑板鞋，即蓝白两色的Era，滑板明星如托尼·阿尔瓦（Tony Alva）和斯泰西·佩拉塔（Stacy Peralta）脚上穿的都是这款鞋。销量暴涨之后，范斯又推出了一系列备受推崇的鞋款，如Slip-On和SK8等。1982年，范斯得到了一次免费的广告。当时电影明星肖恩·潘在《开放的美国学府》中穿的就是一双黑白棋盘格的范斯鞋。肖恩在影片中扮演的是一位吸食大麻的冲浪爱好者，与范斯的反叛形象颇有几分契合，所以他的这个角色让范斯的滑板鞋成了美国主流流行文化的一个组成部分。但同时这也是范斯走向结束的开始。范斯给自己定下了雄心勃勃的计划，想要打入其他运动市场，但是这一次他们赌输了。成本直线上升，灵感不再出现，公司走向破产。从1988年到2004年间，范斯经历了一系列的并购，最后叶落归根，范斯准备从头再来，重新赢得滑板爱好者们的支持。

#44

范斯于1966年推出的第一款鞋的名字。

史蒂夫·卡巴拉洛（Steve Caballero），20世纪80年代的滑板明星，助力范斯跃上高峰。

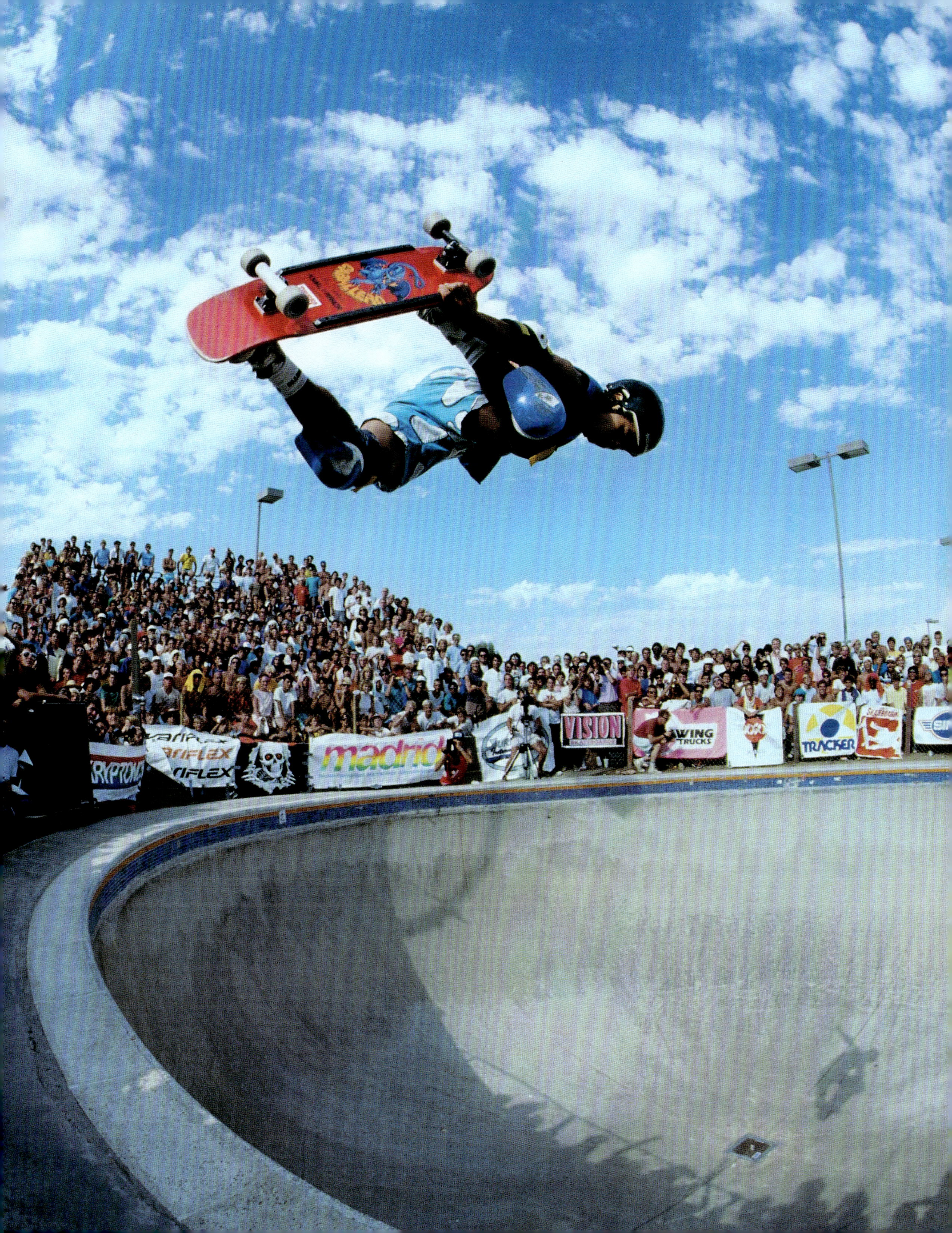
VISION
TRACKER

范斯（VANS）

OLD SKOOL (上图) / **SK8-HI** (下图)
这两款鞋见证了"爵士条纹"的诞生。这个条纹是20世纪80年代为了突出范斯的品牌标识而引入的。SK8 为几代滑板人的脚踝提供了保护，让他们能够做出一些匪夷所思的动作来。

106 VULCANIZED

BUFFALO BOOT

MICHOACAN

CHUKKA LOW

COSTA MESA

ERA 59

TRIG

LINDERO SUEDE

173

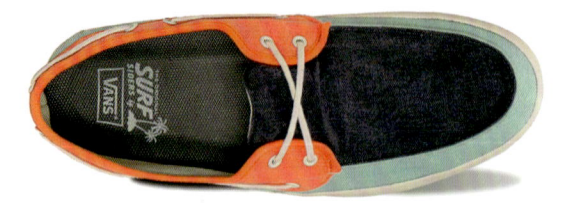

CHAUFFEUR	LPE
LUDLOW	MADERO
OTW BEDFORD	PROP
ROWLEY PRO	STYLE 36

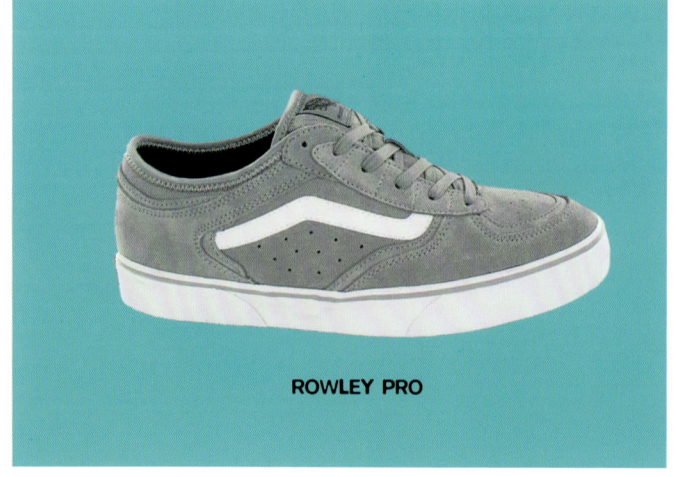

174

品牌争霸

AUTHENTIC（上图）/ **ERA**（下图）

Authentic之前曾用名#44，是范斯品牌的第一款鞋，为整个范斯王朝奠定了基调。

Era则更为牢固和舒适，专为滑板明星托尼·阿尔瓦（Tony Alva）和斯泰西·佩拉塔（Stacy Peralta）设计。

两者之间只存在细微的差异，即踝带的厚度。

范斯（VANS）

HALF CAB
Half Cab 兼具柔韧和坚固两种特性，在20世纪80年代给逐渐走向下坡路的范斯品牌带来了新的动力。

SLIP-ON
纯粹的BMX自行车玩家现在依然喜欢穿这款无带鞋。

BRETON

TNT 5

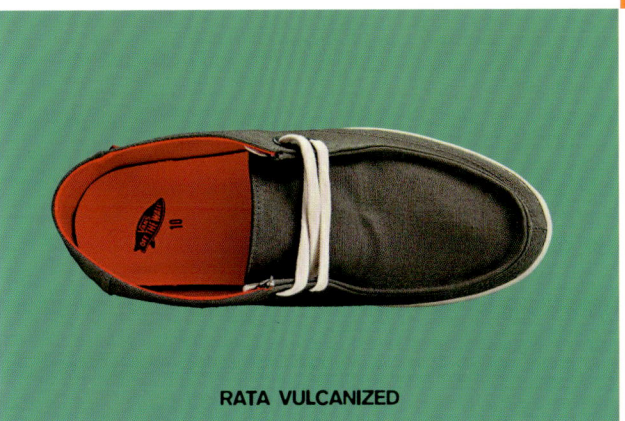

RATA VULCANIZED

CHUKKA MID

CHIMA FERGUSON

SLIP-ON AGED LEATHER

OLD SKOOL X WOLF GANG

ZAPATO DEL BARCO

177

波尼（PONY）

被遗忘的美

20世纪70、80年代，波尼是美国篮球场和网球场上的明星，但是在随后的几十年里，面对其强大的对手却失去了还手的能力。

　　波尼品牌由罗伯托·穆勒于1972年在纽约推出，当时他在财务上得到了时任阿迪达斯CEO霍斯特·达斯勒的支持。波尼是"纽约出品"的首字母缩略词，最初是为ABA（美国篮球协会ABA自1976年与NBA合并后就停止了运营）的运动员提供篮球鞋，同时也为当时最伟大的两位冠军即足球运动员贝利和拳击运动员穆罕默德·阿里提供运动鞋。在20世纪80年代早期，波尼的名声如日中天，这首先是由于波尼推出了一款以当时最年轻的美国网球公开赛冠军（1979年）特雷西·奥斯汀（Tracy Austin）的名字命名的网球鞋，其次是由于Linebacker这款鞋的推出（1983年），因为其鞋舌翻折到脚背上而具有极高的辨识度。Linebacker主要是为橄榄球巨星而设计，生产时采用美国职业橄榄球大联盟（NFL）中各个球队的颜色，很快就被球迷所接受，尤其是孩子。这些小球迷们将一款街头版本的运动鞋转化成了真正的团结象征。但是波尼品牌在20世纪90年代失去了前进的目标，而当时却正是运动鞋文化的黄金时代。穿着Top Stars或Midtowns的孩子在校园里会被人嘲笑，而就在10年之前这两款鞋还依然是扮酷的不二神器。2001年，波尼被一家加利福尼亚企业收购，并试图通过为音乐人如Limp Bizkit、Snoop Dogg、Justin Timberlake等制作收藏品牌而重回主流舞台，但是最终无力回天，再也无法重现当年的风采。不过，前卫的时髦一族却依然试图让往日的酷鞋东山再起。

16

这是特雷西·奥斯汀（Tracy Austin）在1979年成为美国网球公开赛冠军最年轻运动员时的年龄，当时她穿的就是一双印有她姓名的波尼网球鞋。

身高只有1.70m的斯伯特·韦伯（Spud Webb），在1986年的扣篮大赛中出人意料地摘得桂冠。

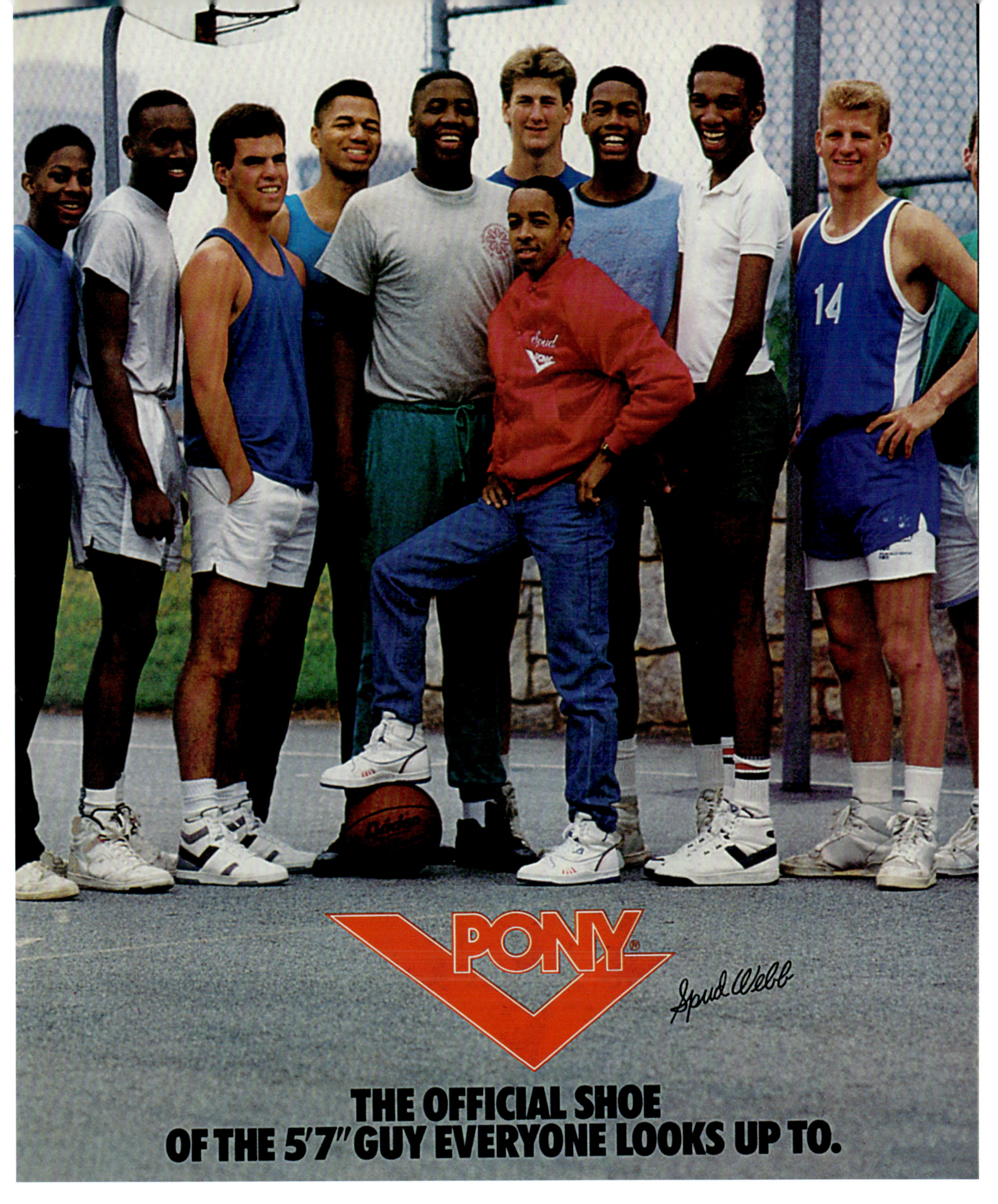

THE OFFICIAL SHOE OF THE 5'7" GUY EVERYONE LOOKS UP TO.

这是波尼品牌的一幅广告。语意"身高5英尺7英寸（1.70m），个子虽小，人人仰视。斯伯特·韦伯指定球鞋。"

波尼（PONY）

MIDTOWN
这款鞋如果与3年之前发布的耐克"空军一号"有任何相似之处，纯属巧合。

M110 X RONNIE FIEG
2014年，纽约运动鞋设计师罗尼·菲格（Ronnie Fieg）将一股新的生命注入M110之中，
成就了波尼产品目录中一款牢固但却已经被人遗忘的鞋款。

M100

RUNNER NYLON

BLENDER

SLAMDUNK VINTAGE

TRACKITBACK

SLAMDUNK OX CANVAS

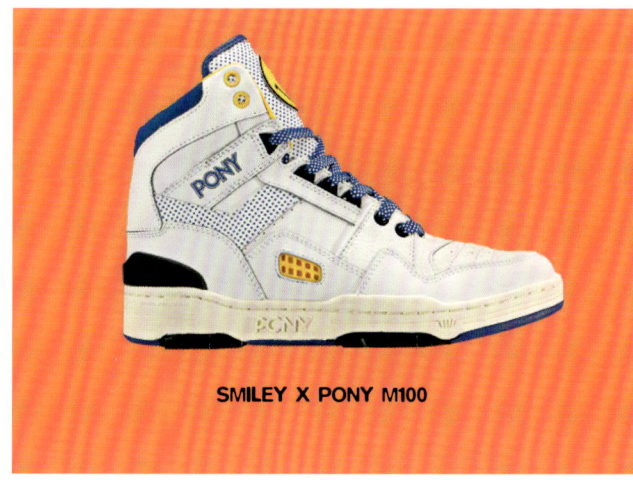

SMILEY X PONY M100

RICKY POWELL X PONY

LEADERS 1354 X PONY	**PRO 80**
SMILEY	**M110**
MVP	**TOP STAR LOW**
M100 NYLON	**TOP STAR CANVAS NYLON**

品牌争霸

CITY WINGS
这款鞋如果与1年之前发布的耐克乔丹有任何相似之处,真的纯属巧合。

RUNNER LADY LIBERTY
2015年,波尼与柏林精品店Overkill联名推出Runner系列的这个新款,意在告诉公众,波尼品牌并不仅仅涉足篮球运动。

波尼（PONY）

COLETTE X PONY
这一Top Star的女款让人想起了网球运动员特雷西·奥斯汀（Tracy Austin），史上最年轻的美国网球公开赛冠军。

TOP STAR
这款20世纪70年代篮球场上的明星却在20世纪90年代成为俗气的象征，但是现在已经成为时尚的必备品。

TOP STAR HI SUEDE

TOP STAR SUEDE OX

CITY WINGS NYLON

M110 OG

ROTHCO X PONY

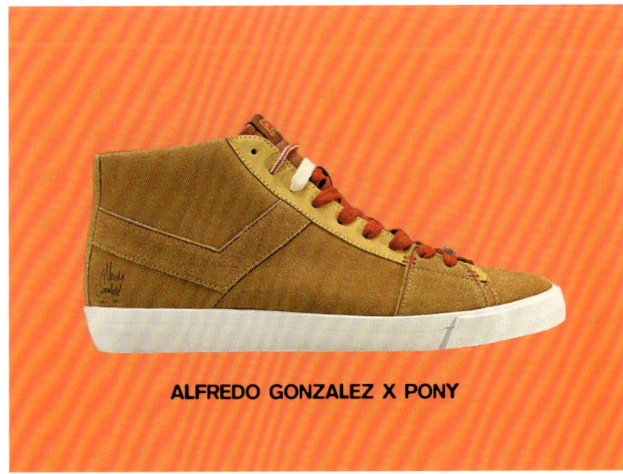

SLAMDUNK

ALFREDO GONZALEZ X PONY

DEE & RICKY X PONY

全景展现（PANORAMA）

个性的瑰丽

如果把运动鞋的发展历史仅仅局限在几个大品牌以及其竞争对手上面，那就大错特错了。耐克、阿迪达斯等这几个品牌以及相应的公司现在也许已经主宰了整个市场及其发展方向，更不要说飞速发展的全球市场中有大部分的份额也正在被他们所吞食。2018年，全球运动鞋市场规模达到了580亿美元，预计这个数值到2024年将达到880亿美元。但是作为一种文化，运动鞋中也曾经涌现出一些其他的出色品牌，现在已经逐渐淡出了人们的记忆，如20世纪70、80年代，三个可爱的意大利品牌斐乐（Fila）、艾力士（Ellesse）、塞尔吉奥·塔奇尼（Sergio Tacchini）。还有一些更小的、力量也更加薄弱的制鞋商曾经也有过偶尔的成功。他们成功的原因不一而足，但是无论如何，这些制鞋商的数量变得越来越多，而且都拥有自己忠实的拥趸。此外，如果不把大的奢侈品和时尚品牌也包括在运动鞋的发展历史当中，那么这个历史记录就不能说是完整的。

这些奢侈品和时尚品牌早在21世纪初就已经将那些高端且著名的运动鞋纳入了其产品线当中。例如圣罗兰的SL10（又被称为"奢侈乔丹"）、迪奥Homme的B01基本款、朗万的High等，后两者现在是休闲时尚的最畅销产品。

580
亿美元

这是全球运动鞋市场在2018年的估值。

ALIFE - PUBLIC ESTATE MID

APL - CONCEPT 1

BALENCIAGA - ARENA

BATA - NORTH STAR

COMMON PROJECTS – ACHILLES

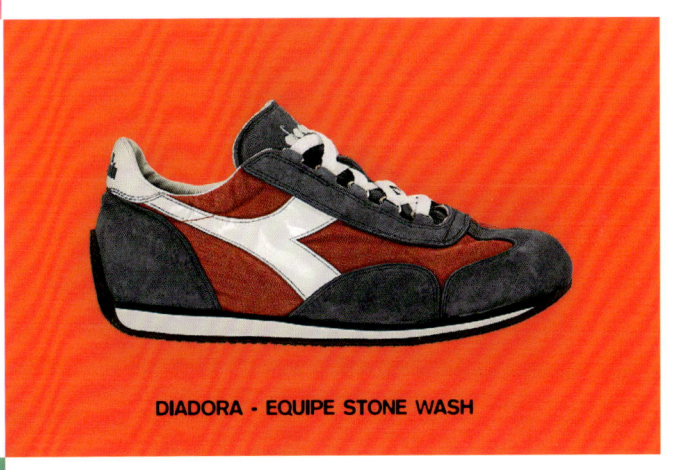

DIADORA - EQUIPE STONE WASH

ELLESSE - FAB 5

EMERICA - THE REYNOLDS

ETNIES - JAMESON 2

ETONIC - TRANS AM

FAGUO - OAK

FEIYUE - FE

FRED PERRY - KINGSTON

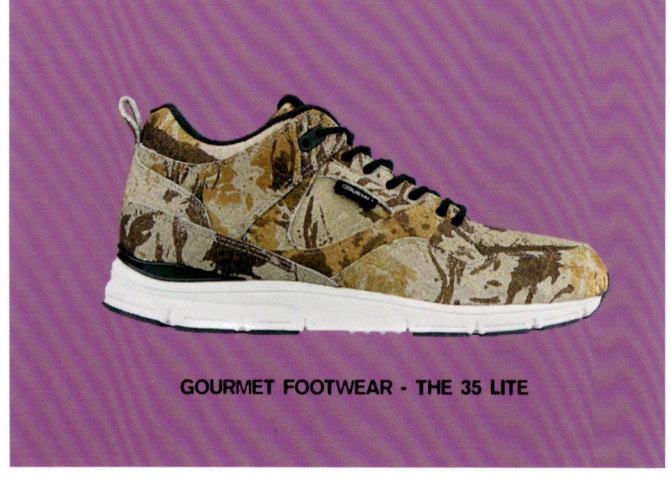

GOLA - QUICKSAND

GOURMET FOOTWEAR - THE 35 LITE

PEAK - PROSPECT

HUMMEL · STADIL

丹麦品牌的这款明星运动鞋深受丹尼尔·克雷格（007系列电影中詹姆士·邦德的扮演者）的喜爱。

LACOSTE · MISSOURI

时尚界那些鼎鼎大名的品牌常常会从运动品牌中汲取灵感，就像法国鳄鱼从耐克Air Trainer 1 获取灵感一样。

全景展现（PANORAMA）

LANVIN · HIGH
这是说唱歌手坎耶·维斯特（Kanye West）最喜欢的奢侈运动鞋之一。

MONCLER · MONACO
这个意大利品牌不仅生产极昂贵的羽绒服，而且还制作经典、简约、优雅的运动鞋。

PIERRE HARDY - POWORAMA

PRADA - LINEA ROSSA

RAF SIMONS - HI-TOP STRAP SNEAKERS

RICK OWENS - RAMONES SNEAKERS

SAUCONY - GRID 9000

SPLENDID - SOLVANG

SPALDING - PIXIES

SUPERGA - 2750

SUPRA FOOTWEAR - OWEN TRAINER

TACCHINI - PARIGI

TERREM - PUBLIC

UNDER ARMOUR - CURRY ONE

VALENTINO - RED CAMOUFLAGE ROCK RUNNER SNEAKERS

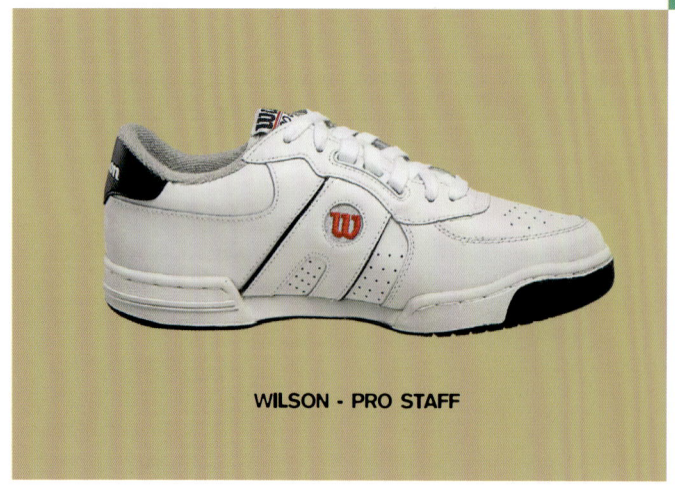

VEJA - TAUA

WILSON - PRO STAFF

WRUNG - DESTRO

YVES SAINT LAURENT · SL10

在这双圣罗兰的鞋上颇有一些Air Jordan1的影子。

YOHJI YAMAMOTO · Y-3 QASA

日本设计师山本耀司从2003年开始就一直与阿迪达斯展开联名合作，这些联名的产品上无一例外都带有他极易辨识的风格。

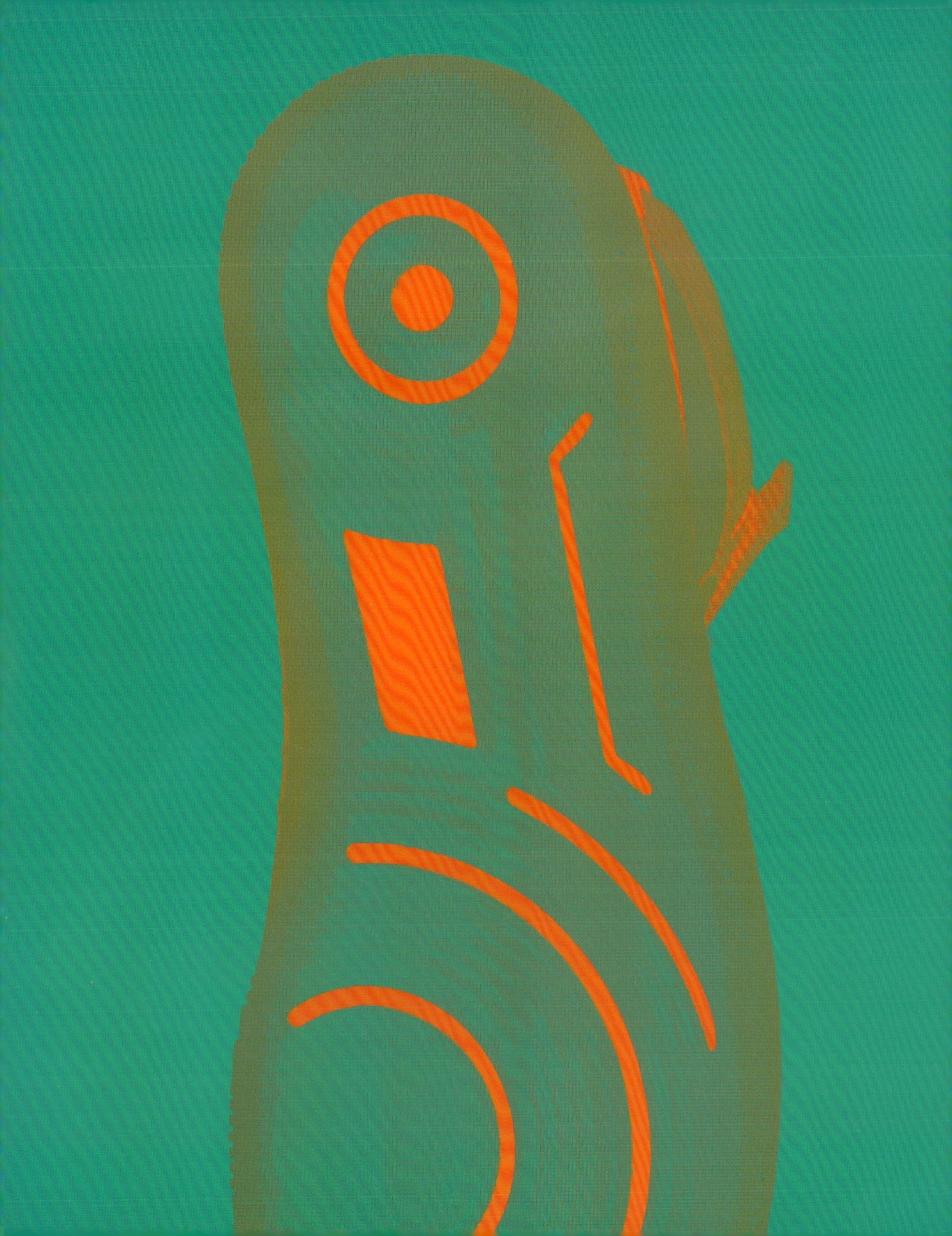

第三章
傲视同侪

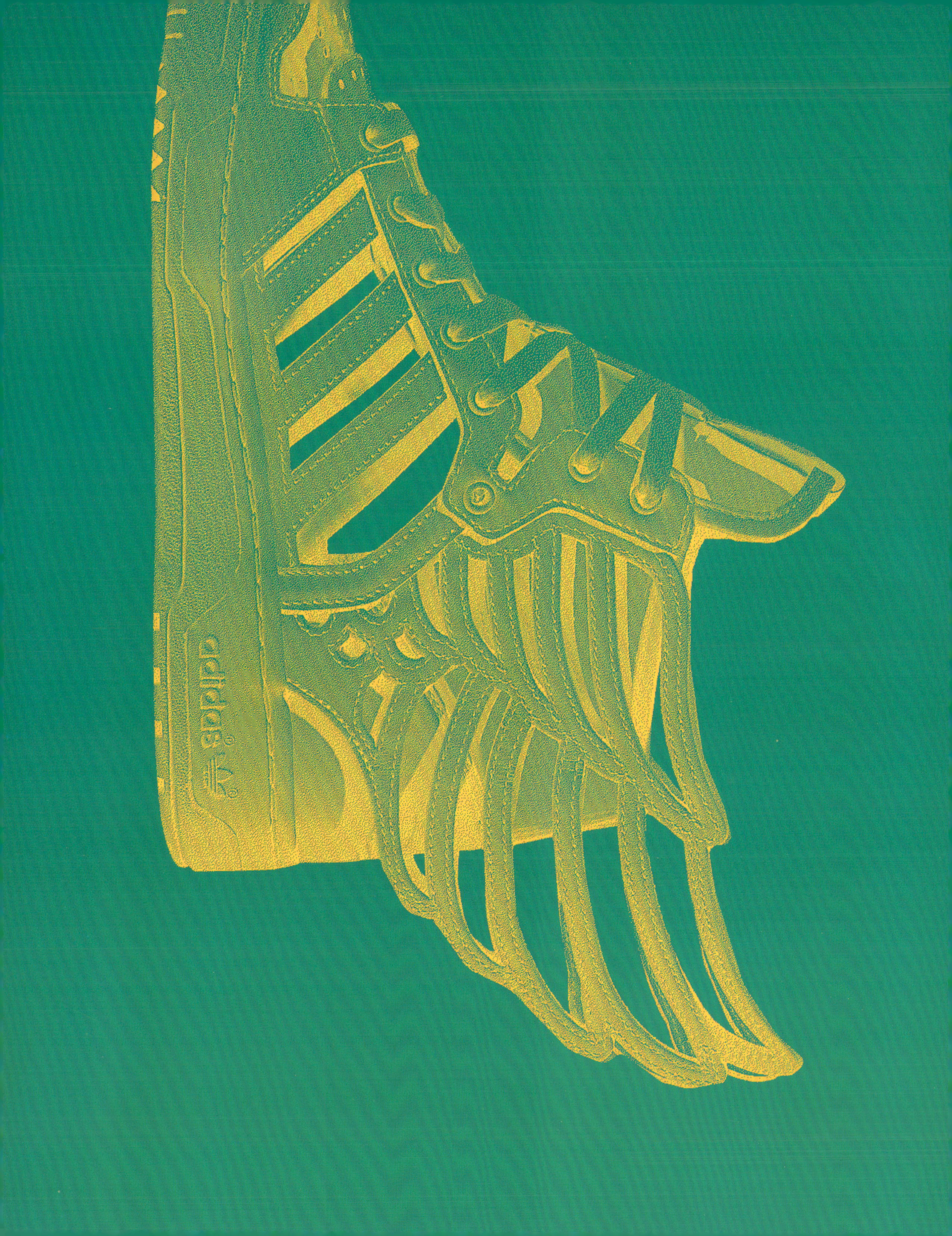
adidas

也许我们永远无法知道哪一款运动鞋是有史以来最出色、最具吸引力或者最漂亮的。因为任何想要回答这个问题的尝试都将是徒劳无益的，也不切实际。想要像G7那样召开一次运动鞋专家的圆桌会议也不会有任何结果。想知道为什么吗？因为每个人都有自己心中的"哈姆雷特"，谁愿意妥协而去听从别人的意见呢？这样也许更好。每一个国家、每一代人、每一种生活方式、每一个10年、每一股潮流、每一项运动，抑或每一种文化都有自己的传奇图腾，都有自己不可动摇的信念，都有自己的终极审判，也都有适合自己的风格。用一句十分通俗的话来总结，归根结底这就是一个品位的问题，这一点无可辩驳。那么我们如何能够超越主观执念，从过去100年的时间里发明、设计、制造出来的数千款运动鞋中做出选择，并将选出的运动鞋都摆放在一个具有历史意义的、多样化的、满足理想需求的展示柜里面呢？我们又如何才能够在不受任何影响的前提下做出裁决，说，某款鞋应该属于（或者不属于）排行榜前10位，或者应该位列最佳运动鞋榜单当中，就像本章所建议的那样？有什么办法吗？翻一翻参考书？浏览一下专业网站？登录博学之士的博客？仔细倾听各类明星和时尚达人的意见？为什么要听他们的？因为说到底他们才是运动鞋领域的潮流引领者和决策人。另外还有一点是我们不得不承认的，那就是倾听他们的意见实际上就是要屈就他们的个人偏好。想要在完成上述决策时不矫揉造作，或者厚颜无耻地去将真实与美丽生生割裂开来，真的，谁能够做到这一点？

顶级的价格（TOP MOST EXPENSIVE）

顶级的价格

这一类运动鞋的特点是稀有，并且由昂贵的材料制作而成，或者干脆就是用来开发运动市场的纪念品，有时候鞋的价格甚至超过了100 000美元。而且，你猜得没错，确实有众多买家愿意出手。例如耐克Air Yeezy 2 Red October 这款鞋，一共才生产出几双，并且都放到了2014年2月16日的拍卖会上，结果在11分钟之内被一抢而空。有位买家在竞拍得手后，立即将其放到了eBay网上，竞买的价格达到了16 394 000美元！是的，你没看错，是1 639.40万美元。

NIKE AIR YEEZY 2 RED OCTOBER
竞买价格达1639.40万美元

傲视同侪

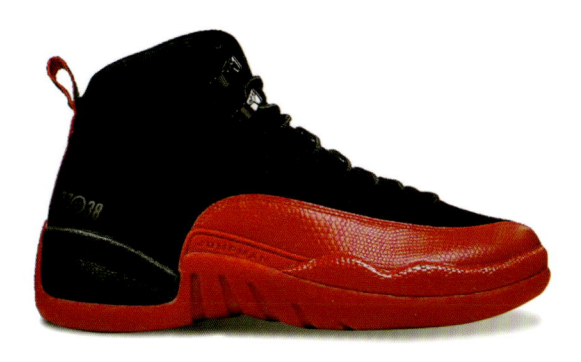

NIKE AIR JORDAN XII FLU GAME
10.40万美元

NIKE AIR JORDAN XII OVO DRAKE
10.00万美元

NIKE AIR FORCE 1 BOGEYMAN
9.90万美元

NIKE AIR MAG
3.75万美元

NIKE AIR JORDAN 2 (1986 OG)
3.10万美元

NIKE AIR ZOOM KOBE 1
3.00万美元

NIKE AIR JORDAN 1 BLACK GOLD (1985)
2.50万美元

AIR JORDAN 11 BLACKOUT
1.13万美元

顶级网球鞋（TOP TENNIS PLAYERS）

顶级网球鞋

斯坦·史密斯，也就是那位留胡子的美国人，以他的名字命名的这款网球鞋现在依然是全球最著名也是销量最好的网球鞋。但是与运动鞋有关联的网球运动员不只他一个。例如瑞典网球运动员比约·博格，他在1974年至1981年间曾经赢得过11个大满贯赛事（6个法国网球公开赛，5个温布尔登网球锦标赛）冠军，迪亚多纳（DIADORA，意大利品牌）曾以他的名字给网球鞋命名。还有善变的伊利耶·纳斯塔塞，1973年网球世界排名第一，带有他名字的白色阿迪达斯带蓝色条纹运动鞋在20世纪80年代曾穿在许多青少年的脚上。他们骑着轻便摩托车四处穿行，白色的帆布鞋面很快就被摩托车的尾气弄得污浊不堪。这里展示的是除斯坦·史密斯之外的顶级网球鞋。

ARTHUR ASHE
Le coq sportif

傲视同侪

BJÖRN BORG
Diadora

JIMMY CONNORS
Converse

STEFAN EDBERG
Adidas

IVAN LENDL
Adidas

ILIE NASTASE
Adidas

YANNICK NOAH
Le coq sportif

ROD LAVER
Adidas

GUILLERMO VILAS
Puma

201

伊利耶·纳斯塔塞

伊利耶·纳斯塔塞（Ilie Nastase）是1973年ATP排名世界第一的罗马尼亚网球运动员，他既是网球场上最大的小丑演员，也是网球场上的"哈林花式篮球队员"，能够在网球场上走出最漂亮的步伐，做出最滑稽的动作，发出最震撼的咆哮声。毫无疑问，这就是带有他名字的阿迪达斯运动鞋能够如此受欢迎的原因。这款鞋不但频频出现在网球俱乐部和健身馆，而且还是那个时代具有反叛精神的人必备的运动鞋……

罗德·拉沃尔

与网球运动员罗德·拉沃尔（Rod Laver）同名的这款运动鞋线条流畅而简洁，就像这位澳大利亚运动员的打球风格一样。拉沃尔在20世纪60、70年代一共赢得过11次大满贯赛事的冠军，是第一位真正的世界网球传奇人物。现在罗德·拉沃尔运动鞋已经远远不及斯坦·史密斯运动鞋那么有名了，但是对于所有狂热的运动鞋迷和超级时尚迷来说，他们更愿意选择罗德·拉沃尔运动鞋，因为他们已经厌倦了斯坦·史密斯的无处不在。

顶级NBA篮球鞋（TOP NBA）

顶级NBA篮球鞋

20世纪90年代，在迈克尔·乔丹的影响下，全球各地的青少年们争相购买高帮运动鞋，但他不是唯一一个具有如此强的号召力的篮球明星。与漫画书或超级英雄影片中所描写的一样，他也有如影随形的对手，而这些对手的运动鞋同样也带有他们自己的名字（当然了，最后他总是会将这些对手打败）。

CHARLES BARKLEY Air Force 180 Olympic
Nike - 1992

傲视同侪

PATRICK EWING 33 Hi
Ewing Athletics - 1990

KEVIN DURANT KD 7
Nike - 2014

HAKEEM OLAJUWON The Dream Supreme
Etonic - 1984

SPUD WEBB City Wings
Pony - 1986

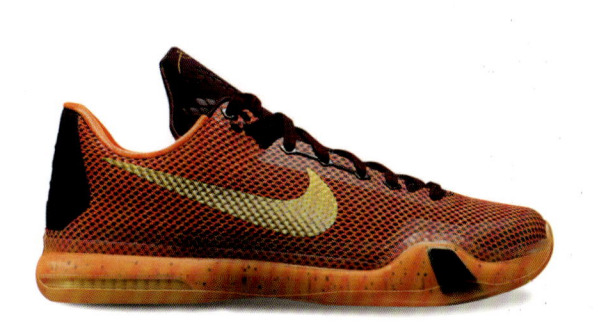

KOBE BRYANT X Silk
Nike - 2015

DERRICK COLEMAN Control Hi
British Knights - 1991

GRANT HILL Grant Hill
Fila - 1996

LEBRON JAMES LeBron 12
Nike - 2014

205

查尔斯·巴克利

查尔斯·巴克利（Charles Barkley）是位令人惊叹的篮球选手，以在球场上脏话连篇而闻名，在记者们面前却又总是妙语连珠。查尔斯·巴克利是20世纪90年代的NBA明星，也像许多其他的球星一样，在迈克尔·乔丹的光芒之下有些黯然失色。巴克利是1992年巴塞罗那奥运会美国梦之队成员，之所以能够载入运动鞋的史册则得益于Air Force 180这款鞋，因为就像穿着这双鞋的主人一样，Air Force 180的特性是既坚固又牢靠。

科比·布莱恩特

洛杉矶湖人队（1996—2016）的传奇人物科比·布莱恩特（KobeBryant）在2020年1月的一次直升机坠毁事故中不幸丧生，年仅41岁。当迈克尔·乔丹于2003年从篮球场上退役后，科比成功地填补了众多铁杆篮球迷心中的空白。他曾经5次赢得NBA总冠军戒指、两次获得奥林匹克金牌，但最为人称道的还是他浑然天成的球风，会让人时常想起"飞人乔丹"的风范，这位"黑曼巴"已经成为乔丹的不二继承人。

电影中的顶级运动鞋（TOP MOVIES）

电影中的顶级运动鞋

运动鞋是运动场上必不可少的元素，但同样也是大银幕上的常客。

REEBOK Alien Stomper
《异形2》– 詹姆斯·卡梅隆, 1986

ADIDAS Stan Smith Black
《银翼杀手》– 雷德利·斯科特, 1982

NIKE Air Flow
《街区男孩》– 约翰·辛格顿, 1991

VANS Slip-on Checkerboard
《开放的美国学府》– 艾米·海克林, 1982

NIKE Air Jordan 4 GS
《为所应为》– 斯派克·李, 1989

ADIDAS Zissou
《水中生活》– 韦斯·安德森, 2004

傲视同侪

ADIDAS Country
《比佛利山超级警探》- 马丁·布莱斯特, 1984

NIKE Air Command Force
《黑白游龙》- 罗恩·谢尔顿, 1992

NIKE Sky Force 88 Mid
《七宝奇谋》- 理查德·唐纳, 1985

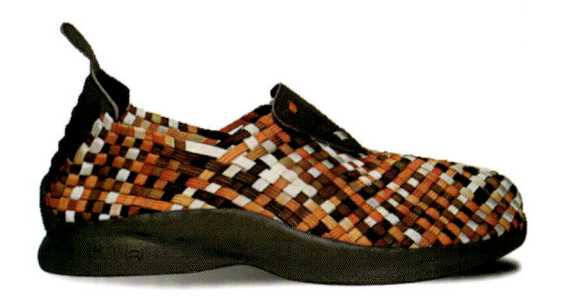

NIKE Air Woven HTM
《迷失东京》- 索菲亚·科波拉, 2003

CONVERSE Chuck Taylor All Star
《绝代艳后》- 索菲亚·科波拉, 2006

NIKE Bruin Leather
《回到未来》- 罗伯特·泽米吉斯, 1985

NIKE Air Max Triax
《空中大灌篮》- 乔·皮特卡, 1996

NIKE Vandal
《终结者》- 詹姆斯·卡梅隆, 1984

在斯派克·李（1989年）的电影《为所应为》中，由吉安卡罗·埃斯波西托扮演的剧中人物Buggin'Out脚上穿的就是一双崭新的Air Jordan 4 White Cement运动鞋，被一位由约翰·萨维奇扮演的路人克里夫顿踩了一下。随后就是两个男人之间的一场令人难忘的口水战，Buggin'Out周围都是他的朋友：艾哈迈德、Punchy、Cee、艾拉。这场对话揭示了由于纽约布鲁克林区出现的高档化现象而在不同社区之间引发的人们日益加剧的紧张关系。

"你不仅撞到了我,还踩了我新买的白色Air Jordan,而你只会说'对不起'吗?"

Buggin' Out,由吉安卡罗·埃斯波西托扮演

顶级童鞋(TOP BABIES)

顶级童鞋

运动鞋的收藏者有很多的讲究，包括收藏每款新鞋时都要买三双，一双用来穿，一双放入自己的"收藏馆"，一双搁置10年的时间，等到这款鞋停售。最虔诚的收藏者还要为他们（未来）的后代再买一双。

ZX 850
Adidas

傲视同侪

STAN SMITH
Adidas

100 MM
Jon Buscemi

CHUCK TAYLOR ALL STAR
Converse

FIRST COURT
Nike

FREE
Nike

AIR JORDAN
Nike

AIR MAX
Nike

GL 1500
Reebok

顶级异形运动鞋（TOP FREAKY）

顶级异形运动鞋

你也许并不喜欢这里所有的鞋，但是每一双运动鞋都有自己的目标人群和风格，甚至还有自己的灵魂。也许，它们几乎都拥有自己的灵魂……

BOOTS KNEE HIGH
Converse

SHAPE-UPS
Skechers

RICK OWENS X ADIDAS
Adidas

GLADIATOR SANDAL
Nike

ZOOM KOBE 3
Nike

NIKEAMES
Ora Ïto

AIR FOOTSCAPE
Nike

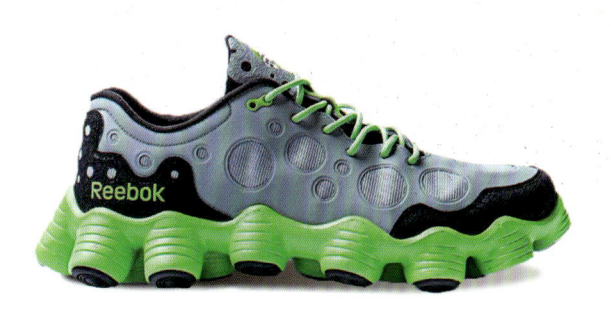

ATV 19 + TRAINING SNEAKERS
Reebok

KOBE II
Adidas

傲视同侪

215

斯派克·李的顶级收藏（TOP SPIKE LEE）

斯派克·李的顶级收藏

斯派克·李（Spike Lee）是纽约尼克斯队和迈克尔·乔丹的超级粉丝，20世纪90年代与乔丹合作为Nike Air拍摄过几则商业广告。斯派克·李还是最著名的耐克鞋收藏者，每一次公开露面时这位电影导演似乎都穿着一双不同款式的耐克。这里展示的是一些他本人更具传奇色彩的收藏及与耐克的联名款，有些带有他所喜爱的篮球队的颜色（橙色和紫色），也有一些没有。

AIR JORDAN SPIZIKE
Nike

傲视同侪

AIR JORDAN 5 BLACK GRAPE
Nike

AIR MAX 2 CB 94
Nike

AIR JORDAN 10
Nike

AIR JORDAN XX8
Nike

AIR MAX LEBRON VII
Nike

FOAMPOSITE ONE
Nike

ZOOM LEBRON IV NYC
Nike

AIR TRAINER SC AUBURN
Nike

217

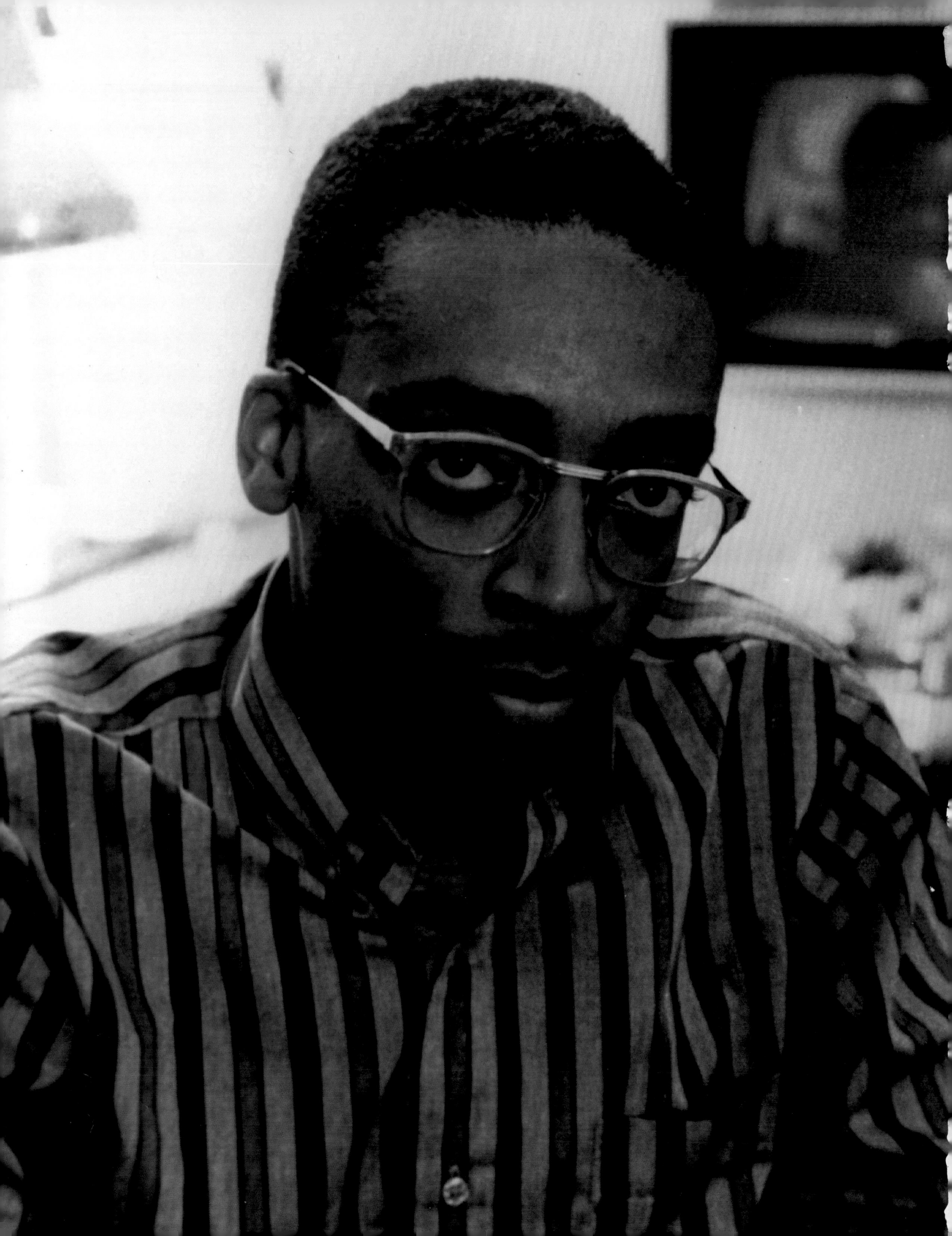

"必须是那双鞋"

斯派克·李在自己执导的电影《稳操胜券》（She's Gotta Have It）中扮演马尔斯·布莱克曼。

坎耶·维斯特的顶级收藏（TOP KANYE WEST）

坎耶·维斯特的顶级收藏

歌手兼设计师坎耶·维斯特（Kanye West）在一次接受美国著名早间广播节目《早餐俱乐部》采访时曾表示，"我现在是运动鞋领域最有影响的人。"那一次采访的时间是2015年的2月。维斯特是Air Yeezy的设计师，并于2015年将合作对象从耐克转换为阿迪达斯。他具有令人惊讶的自我推销意识，对时尚有很精准的眼光，最重要的是，他的运动鞋收藏无论是从鞋的种类还是从鞋的款式来看，都是最完整也是最具代表性的。这里展示的是他喜爱的一类高帮鞋及联名款。

YEEZY BOOST
Adidas x Kanye West

傲视同侪

AIR YEEZY 2 PURE PLATINUM
Nike

METALLIC VELCRO HIGH
RAF Simons

HIGH-TOP
Maison Martin Margiela

RED
Balenciaga

COLORAMA
Pierre Hardy

JASPERS (GREY AND PINK)
Louis Vuitton x Kanye West

COWHIDE BOOT
Ato Matsumoto

JEREMY SCOTT WINGS
Adidas

勇于打破规则的人

坎耶·维斯特的超前时尚设计以及巨大的文化影响力让他的运动鞋成为各方力量极为垂涎的对象，收藏者甚至愿意支付超过10 000美元的价格购买一双阿迪达斯Yeezy Boost 750s。从贾斯汀·比伯到Jay Z等众多名人都对自己脚上的维斯特鞋款炫耀不已，任何与Yeezy相关的东西在市场上都很抢手，导致这款运动鞋一上市就几乎马上被抢购一空，转手销售的价格甚至已经超过了乔丹品牌鞋款的售价。

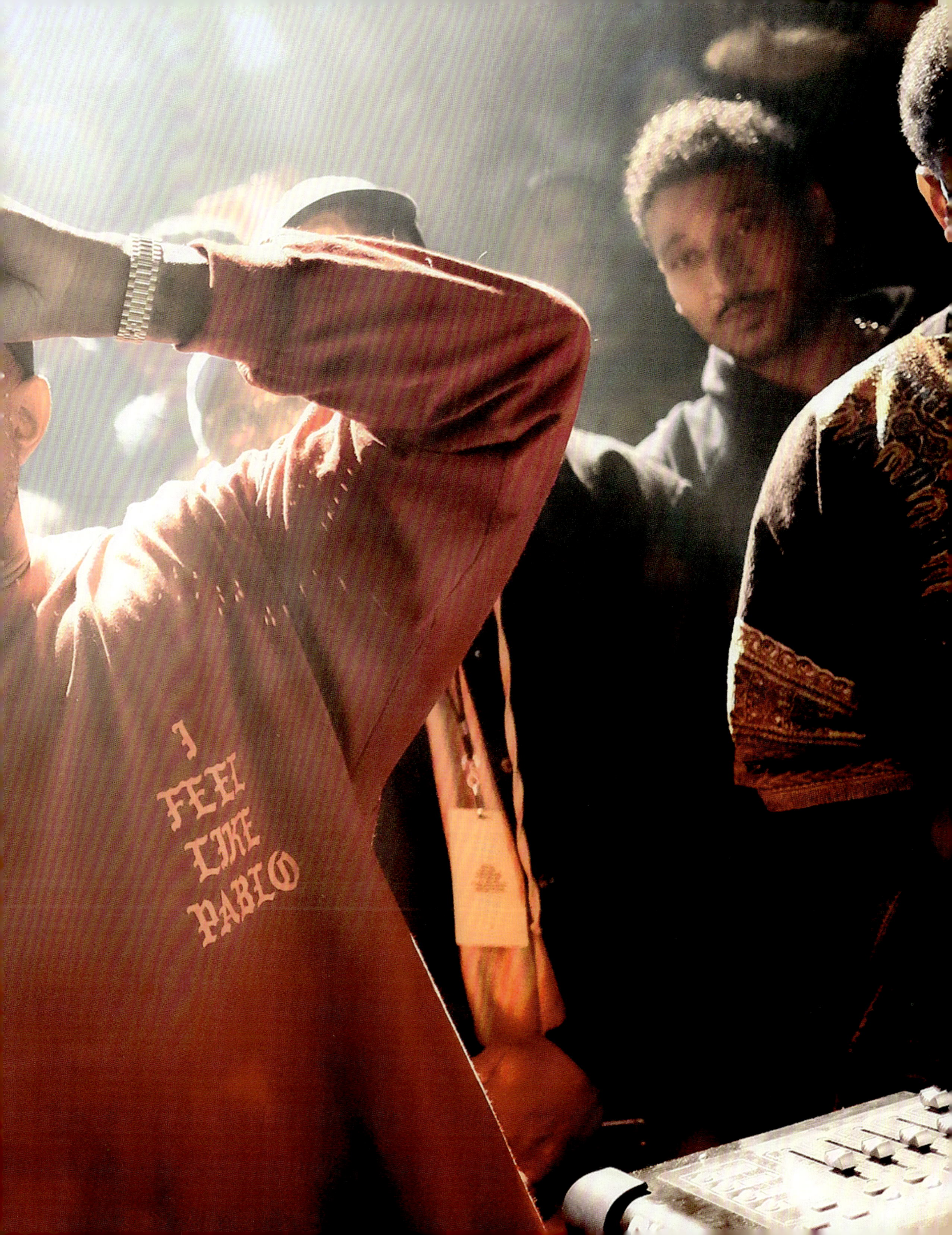
I FEEL LIKE PABLO

顶级时尚运动鞋（TOP FASHION）

顶级时尚运动鞋

尽管可可·香奈儿和让·巴杜早在20世纪20年代就已经穿上轻便的帆布运动鞋了，但时尚界涉足运动鞋文化的时间却是20世纪80年代初。最初是模特们开始穿网球鞋出镜，继而设计师们开始设计自己的时尚品牌鞋款。现在的时尚运动鞋已经涵盖了从超级极简主义到极端前卫的整个时尚风格领域。这里展示的是最新的畅销鞋款，以及值得一睹风采的顶级时尚运动鞋。

TENNIS FIELD
Burberry

傲视同侪

LIZARD
Brooks Brothers

PRIME TENNIS SHOE
Fred Perry

LOUIS PYTHON FROZEN
Christian Louboutin

TRAILBLAZER
Louis Vuitton

101 MATCH HIGH-TOP
Pierre Hardy

AVENUE
Prada

STAN SMITH STRAPS BLACK WHITE 2
RAF Simons

VEJA X BLEU DE PANAME WHITE 2

顶级定制运动鞋（TOP SPECIAL MAKE UP）

顶级定制运动鞋

定制鞋即特别为某个专业精品商店而设计的鞋。当一位艺术家、一个标识，或者另外一个品牌重新启用某个传统鞋款时，可以称之为联名。联名的结果无一不会带来很抢眼的结果，就像这里展示的鞋款一样。其中的一些鞋款借用了购物指南网站Complex Sneakers中的内容。

ACRONYM LUNAR FORCE 1 SP PACK
ACRONYM x NikeLab

ADIDAS CONSORTIUM X SOLEBOX (BERLIN)

PALACE X ADIDAS ORIGINALS PRO PRIMEKNIT

SHADOW 5000
Bodega x Saucony

ON THE ROAD
Bodega x ASICS Gel Classic

INSTA PUMP FURY
Chanel x Reebok

傲视同侪

KARHU X PATTA FUSION 2.0

SLIP-ON MURAKAMI X VANS

PATTA X ASICS GEL LYTE III

PHARRELL WILLIAMS X ADIDAS ORIGINALS SUPERSTAR SUPERCOLOR

SUEDE CREEPER
Puma x Rihanna

STÜSSY X NIKE COURT FORCE HIGH

SUPREME X VANS OLD SKOOL CAMO

WOOD WOOD X NIKE ACG LUNAR WOOD

227

顶级健身鞋（TOP FITNESS）

顶级健身鞋

一直到20世纪80年代中期，运动鞋的设计师们都从来没有想到过他们的产品会跳出运动场而走上街头。但是世界发生了变化，生活方式和竞技体育之间的界限已经变得日渐模糊。也许有一天，这里展示的健身鞋、训练鞋以及跑鞋会成为运动员们的必备选择。

POWERLIFT 2.0
Adidas

PURE BOOST
Adidas

SUPERNOVA GLIDE
Adidas

Superior 2.0
Altra

GEL FUSE X
ASICS

GEL-ELATE TR
ASICS

傲视同侪

CLIFTON 2
Hoka One One

MEN'S GLYCERIN 13
Brooks

WOMEN'S ADRENALINE GTS 16
Brooks

RUNNING SHOES
Enko

GOLD LUNAR CALDRA
Nike

METARUN
ASICS

ALL OUT CHARGE
Merrell

WAVE RIDER
Mizuno

顶级健身鞋（TOP FITNESS）

711 TRAINER
New Balance

FRESH FOAM ZANTE V2
New Balance

VAZEE PACE
New Balance

KOBE XI LAST EMPEROR
Nike

METCON 2
Nike

CROSSFIT LIFTER
Reebok

CROSSFIT NANO
Reebok

CROSSFIT NANO PUMP FUSION
Reebok

傲视同侪

NYC TRIUMPH ISO 2
Saucony

SKECHERS MEN'S SYNERGY
Power Switch

SKECHERS WOMEN'S FLEX APPEAL
Power Switch

LITEWAVE AMPERE
The North Face

SPEEDFORM APOLLO VENT
Under Armour

CHARGED ULTIMATE
Under Armour

GEMINI 2
Under Armour

SOLANA
Zoot

回溯20世纪10年代至70年代（FLASHBACK 1910s TO 1970s）

回溯20世纪10年代至70年代

在运动鞋成为时尚饰品之前，制鞋匠们所想的只是如何才能够将鞋子做得实用且舒适，为运动员的竞技提供帮助。他们从来没有想到过自己制作的一些鞋款会得以长久传承。

CONVERSE Chuck Taylor All Star
上市年份：1917

CONVERSE Jack Purcell
上市年份：1935

PRO-KEDS Royal
上市年份：1949

ADIDAS Samba
上市年份：1950

SPRING COURT G1
上市年份：1950

ONITSUKA TIGER Tai-Chi
上市年份：1960

傲视同侪

ADIDAS Stan Smith
上市年份：1964

TRETORN Nylite
上市年份：1965

K-SWISS Classic
上市年份：1966

VANS Authentic
上市年份：1966

ONITSUKA TIGER Mexico 66
上市年份：1966

ADIDAS Gazelle
上市年份：1968

PUMA Roma
上市年份：1968

PUMA Suede
上市年份：1968

回溯20世纪70年代（FLASHBACK 1970s）

回溯20世纪70年代

休闲生活风尚的兴起给运动鞋带来了第二次生命，并将其带到了街头。街舞，一种对篮球十分痴迷的地下文化，在美国纽约诞生，并将运动鞋当成了自己的徽标。

ADIDAS Forest Hills
上市年份：1970

ADIDAS Americana
上市年份：1971

PRO-KEDS Royal Plus
上市年份：1971

PUMA Pelé Brasil
上市年份：1971

ADIDAS SL 72
上市年份：1972

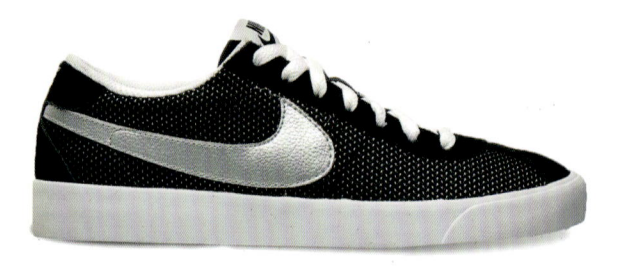

NIKE Bruin
上市年份：1972

傲视同侪

NIKE Cortez
上市年份：1972

NIKE Blazer
上市年份：1972

NIKE Boston
上市年份：1973

NIKE Waffle Trainer
上市年份：1974

CONVERSE One Star
上市年份：1974

PONY Top Star
上市年份：1974

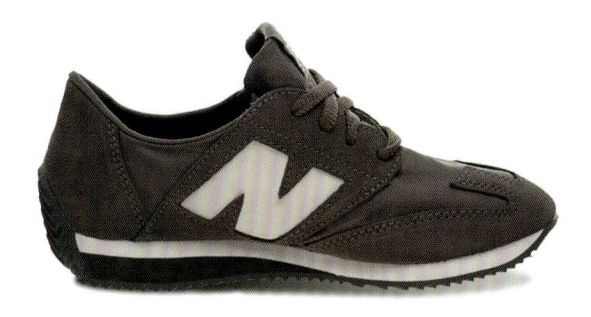

NEW BALANCE 320
上市年份：1976

VANS Era
上市年份：1976

回溯20世纪70年代（FLASHBACK 1970s）

ADIDAS Kareem Abdul-Jabbar
上市年份：1976

PUMA Trimm-Quick
上市年份：1976

ADIDAS Trimm-Trab
上市年份：1977

VANS Sk8
上市年份：1978

ONITSUKA TIGER California
上市年份：1978

NIKE LDV
上市年份：1978

NIKE The Sting
上市年份：1978

VANS Slip-on
上市年份：1979

傲视同侪

ADIDAS Handball Spezial
上市年份：1979

ADIDAS Jeans
上市年份：1979

ADIDAS Munchen
上市年份：1979

CONVERSE All Star Pro
上市年份：1979

NIKE Daybreak
上市年份：1979

PRO-KEDS Shotmaker
上市年份：1979

ADIDAS Top Ten
上市年份：1979

CONVERSE Pro Leather
上市年份：1979

237

回溯20世纪80年代（FLASHBACK 1980s）

回溯20世纪80年代

大众体育及相关运动服装的发展，加上各种不同音乐流派的影响，让运动鞋变得实用而且更具吸引力。身处那个快速变化年代的人们很快就看到，数百款不同的运动鞋被推向市场。

NIKE Air Force 1
上市年份：1982

NIKE Tennis Classic
上市年份：1982

PUMA Easy Rider
上市年份：1982

REEBOK Freestyle
上市年份：1982

PUMA California
上市年份：1983

ADIDAS Forum
上市年份：1984

傲视同侪

NIKE Vandal
上市年份：1984

SAUCONY Jazz
上市年份：1984

ASICS TIGER Fabre
上市年份：1985

ADIDAS Adicolor
上市年份：1985

ADIDAS Centennial Mid
上市年份：1985

ADIDAS Marathon
上市年份：1985

ADIDAS Ecstasy
上市年份：1985

NIKE Air Jordan
上市年份：1985

239

回溯20世纪80年代（FLASHBACK 1980s）

NIKE Dunk
上市年份：1985

PUMA Tx-3
上市年份：1985

VANS Half Cab
上市年份：1985

ADIDAS Metro Attitude
上市年份：1986

CONVERSE Weapon
上市年份：1986

PONY City Wings
上市年份：1986

REEBOK Workout
上市年份：1986

REEBOK Ex-O-Fit
上市年份：1987

傲视同俦

NIKE Air Max
上市年份：1987

NIKE Air Trainer
上市年份：1987

NIKE Sock Racer
上市年份：1987

NIKE Air Safari
上市年份：1987

NIKE Challenge Court
上市年份：1987

FILA Fitness
上市年份：1988

NEW BALANCE 576
上市年份：1988

ADIDAS Superskate
上市年份：1989

241

回溯20世纪90年代（FLASHBACK 1990s）

回溯20世纪90年代

20世纪90年代出现了众多色彩绚丽但线条极具肌肉感的运动鞋，其背后的推动力量是人们对NBA的狂热，以及各运动服装品牌在技术和设计上互不相让的激烈竞争。

ADIDAS Torsion Special
上市年份：1990

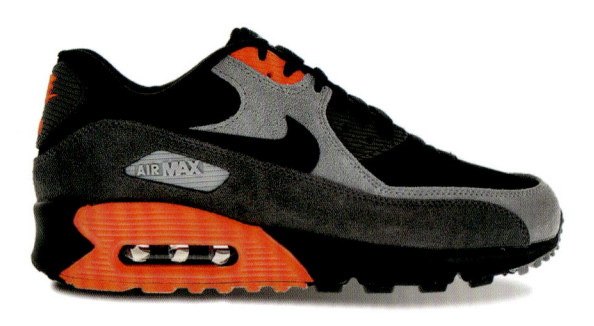

NIKE Air Max 90
上市年份：1990

REEBOK Sole Trainer
上市年份：1990

NEW BALANCE 577
上市年份：1990

NIKE Air Mowabb
上市年份：1991

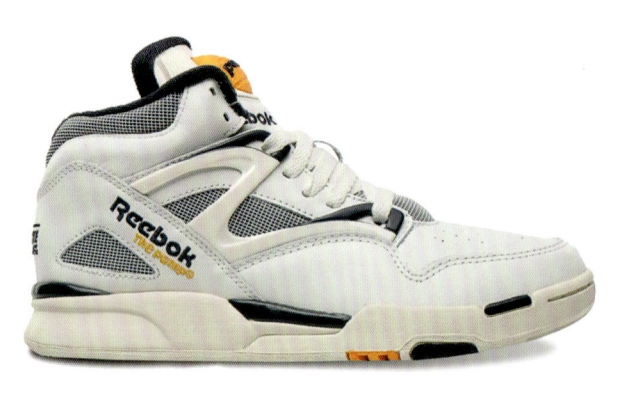

REEBOK Pump Omni Lite
上市年份：1991

傲视同侪

ASICS Gel Lyte III
上市年份：1991

ADIDAS Equipment Racing
上市年份：1991

NIKE Air Max 180
上市年份：1991

NIKE Air Huarache
上市年份：1991

REEBOK Pump Running Dual
上市年份：1991

NIKE Air Force 180 Low Olympic
上市年份：1992

NIKE Air Huarache Light
上市年份：1992

NIKE Air Raid
上市年份：1992

回溯20世纪90年代（FLASHBACK 1990s）

AIRWALK Jim
上市年份：1993

ADIDAS Tubular
上市年份：1993

NEW BALANCE 1500
上市年份：1993

NIKE Air Max 93
上市年份：1993

NIKE Air Trainer Huarache
上市年份：1993

A BATHNG APE STA
上市年份：1993

ADIDAS Dikembe Mutombo
上市年份：1993

PUMA Disc Blaze
上市年份：1994

傲视同侪

NIKE Air Rift
上市年份：1995

NIKE Air Max 95
上市年份：1995

NIKE Air Footscape
上市年份：1995

NIKE Air More Uptempo
上市年份：1996

NIKE Air Max 97
上市年份：1997

NIKE Air Zoom Spiridon
上市年份：1997

NIKE Air Max Plus
上市年份：1998

PUMA Mostro
上市年份：1999

回溯21世纪初（FLASHBACK 2000s）

回溯21世纪初

尽管设计师们依然在努力创新，但成功的设计却是寥寥无几，即使有，也大多是昙花一现。市场的发展似乎正在通过体育明星、艺术家甚至通过其他的品牌，对经典设计进行无休止的再诠释，美其名曰：向经典致敬。

NIKE Shox 4
上市年份：2000

NIKE Air Presto
上市年份：2000

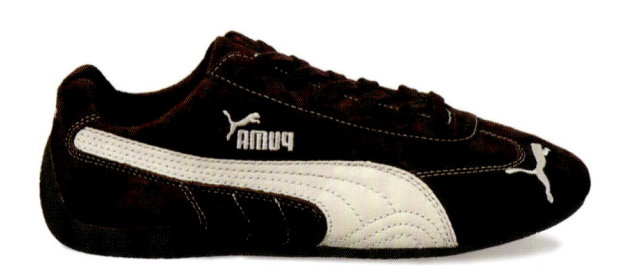

PUMA Speed Cat
上市年份：2001

ADIDAS Climacool
上市年份：2002

G UNIT G-6 Hunter
上市年份：2003

NEW BALANCE 580
上市年份：2003

傲视同侪

CREATIVE RECREATION Cesario Lo
上市年份：2003

FILA Vulc 13
上市年份：2003

REEBOK S. Carter
上市年份：2003

ADIDAS Y-3 Basketball High
上市年份：2004

NIKE Sock Dart
上市年份：2004

ADIDAS Ultra Ride
上市年份：2004

ADIDAS Y-3 Hayworth
上市年份：2006

LAKAI Telford High Rob Welsh
上市年份：2006

回溯21世纪初（FLASHBACK 2000s）

A BATHING APE X KAWS Chompers
上市年份：2006

ALIFE X REEBOK Court Victory Pump Ball Out
上市年份：2006

ETNIES X IN4MATION Rap High
上市年份：2006

JEREMY SCOTT X ADIDAS Money Runway
上市年份：2007

DVS X UXA X HUF Huf 4 Hi
上市年份：2007

ALIFE X PUMA First Round
上市年份：2007

VANS SYNDICATE X WTAPS Bash
上市年份：2008

VA X ADIDAS ZX 9000 A to ZX
上市年份：2008

傲视同侪

CONVERSE Skateboarding CTS Low
上市年份：2008

NIKE Hyperdunk Supreme McFly
上市年份：2008

SUPRA FOOTWEAR Skytop Tuf
上市年份：2008

NIKE Air Yeezy 1
上市年份：2009

ADIDAS David Beckham ZX 8000
上市年份：2009

GOURMET Une
上市年份：2009

ETNIES Metal Mulisha Fader
上市年份：2009

NIKE Air Max LeBron VII
上市年份：2009

回溯21世纪10年代（FLASHBACK 2010s）

回溯21世纪10年代

在全球范围内兴起的跑步热潮打断了市场原来的发展轨迹，某些款式的运动鞋立刻从运动场走上了街头。联名款和再次发行的运动鞋款呈爆炸式的增长，而消费者定制运动鞋这种方式，在运动鞋的原始森林中也不断衍生出新的样式。

REEBOK Zig
上市年份：2010

NIKE Flyknit One +
上市年份：2012

NEW BALANCE 999
上市年份：2012

NIKE Roshe
上市年份：2012

ADIDAS ZX Flux
上市年份：2013

NIKE Free 5.0 V5
上市年份：2013

傲视同侪

REEBOK L23J
上市年份：2013

NIKE Trainerendoor
上市年份：2013

ADIDAS Pure Boost
上市年份：2014

NIKE Air Jordan Future
上市年份：2014

NIKE Flystepper
上市年份：2014

ADIDAS Ultraboost
上市年份：2015

ASICS Kaeli
上市年份：2015

REEBOK ZPump Fusion
上市年份：2015

2015—2020年亮点（MUST-HAVE 2015—2020）

2015—2020年亮点

运动鞋市场的发展永远不会停歇，市场也在不断变化和更迭。这里展示的是2015年之后推向市场的运动鞋中一些具有代表性的产品，从更新款式到限量版，无一不是真正的创新。

ADIDAS Continental 80
上市年份：2018

ADIDAS Nite Jogger
上市年份：2019

ADIDAS Ozweego
上市年份：2019

ALLBIRDS Wool Runner
上市年份：2016

BALENCIAGA Triple S
上市年份：2017

FILA Disruptor 2
上市年份：2018

傲视同俦

GUCCI Ace
上市年份：2015

NB 327
上市年份：2020

NB 990V5
上市年份：2019

NIKE Air Max 1/97 Sean Wotherspoon
上市年份：2018

NIKE Sacai
上市年份：2019

NIKE Air Jordan x Dior
上市年份：2020

PUMA RS-X
上市年份：2018

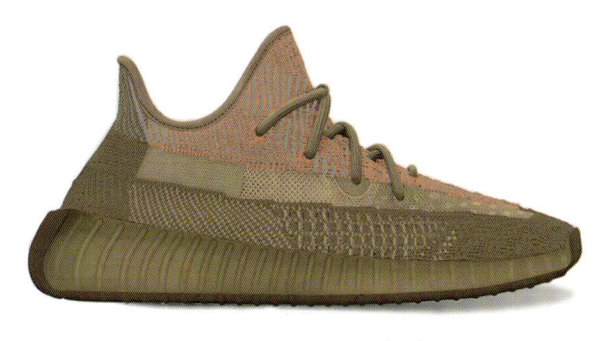

YEEZY Boost 350 V2 Eliada
上市年份：2020

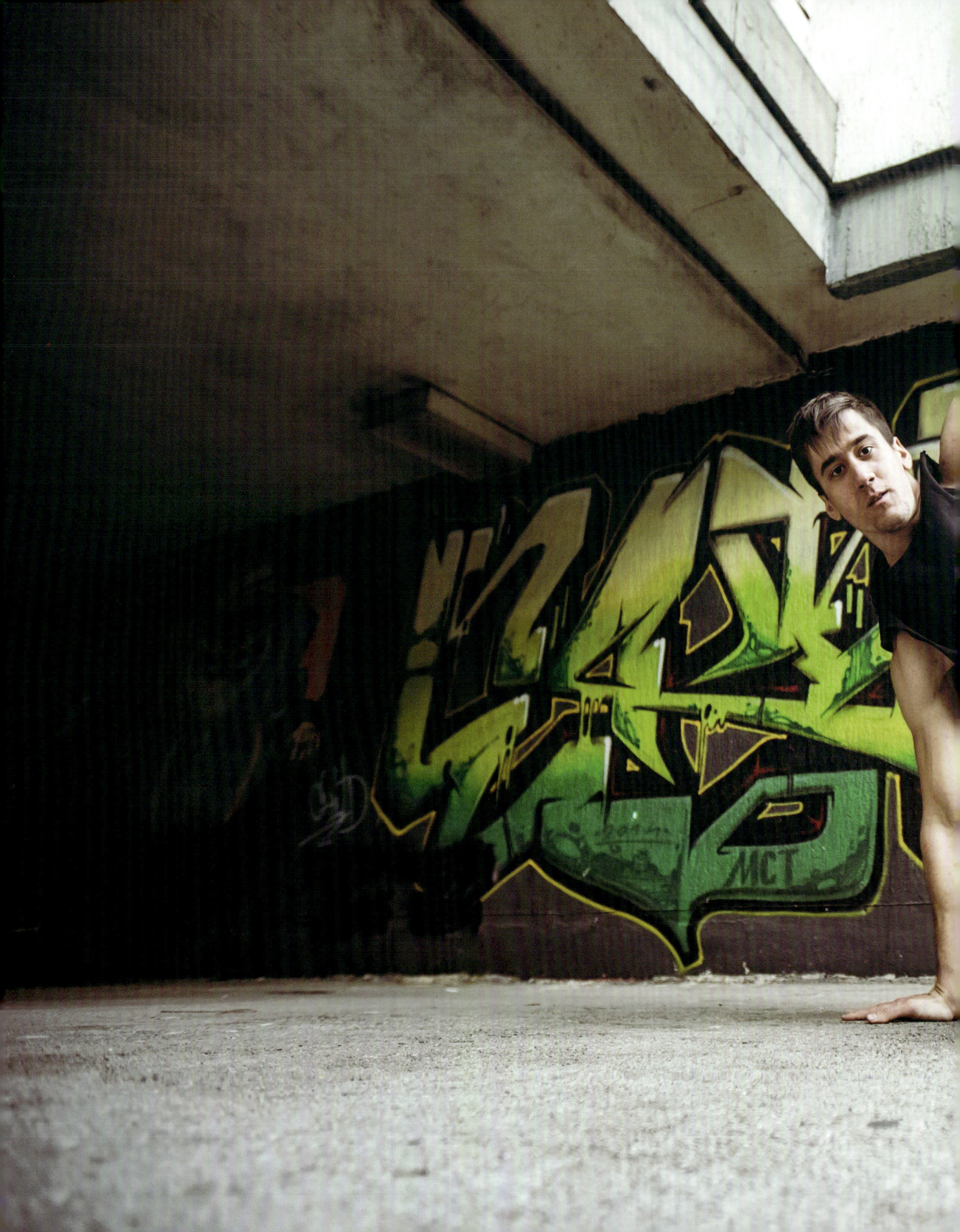
MCT

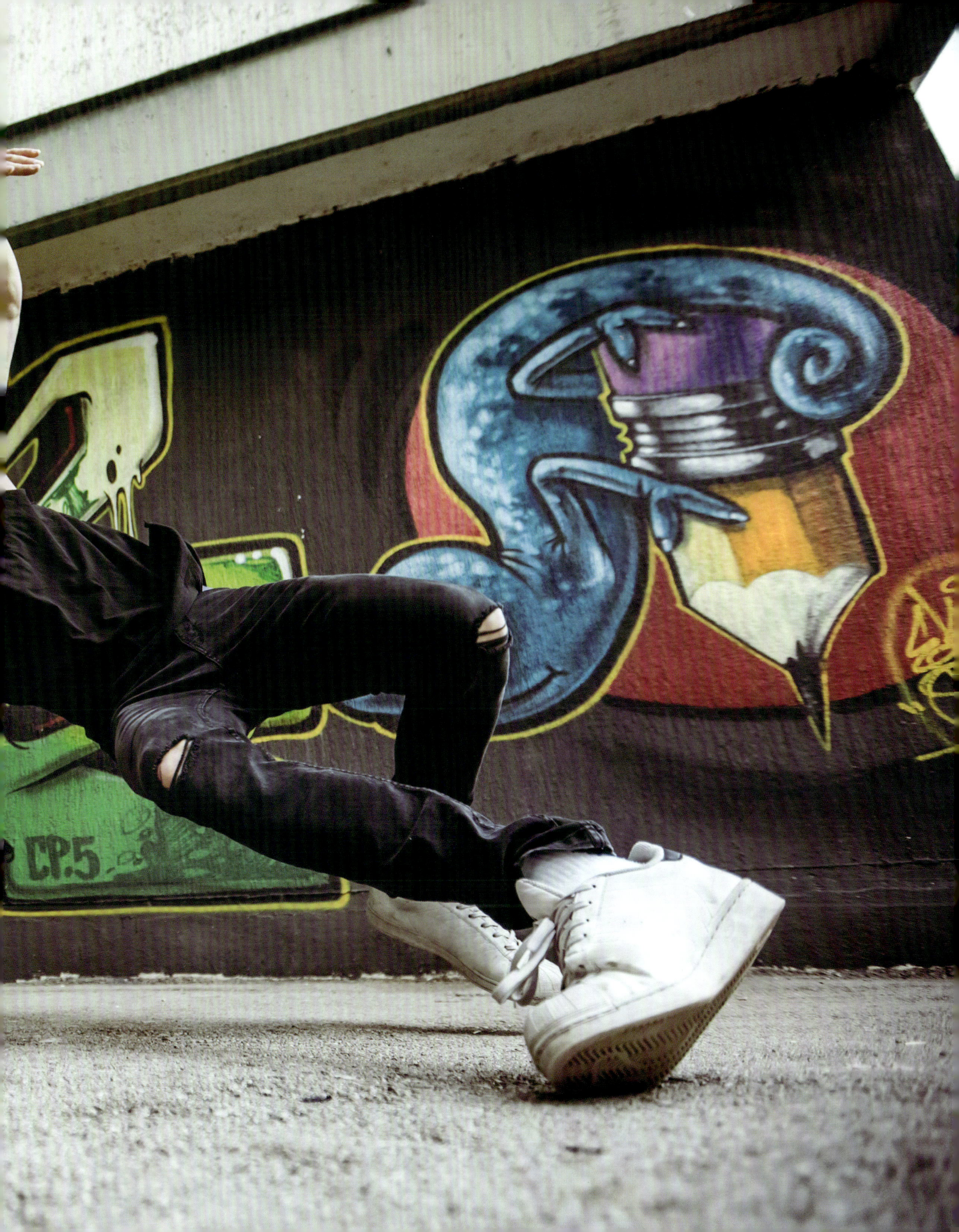
CP.5

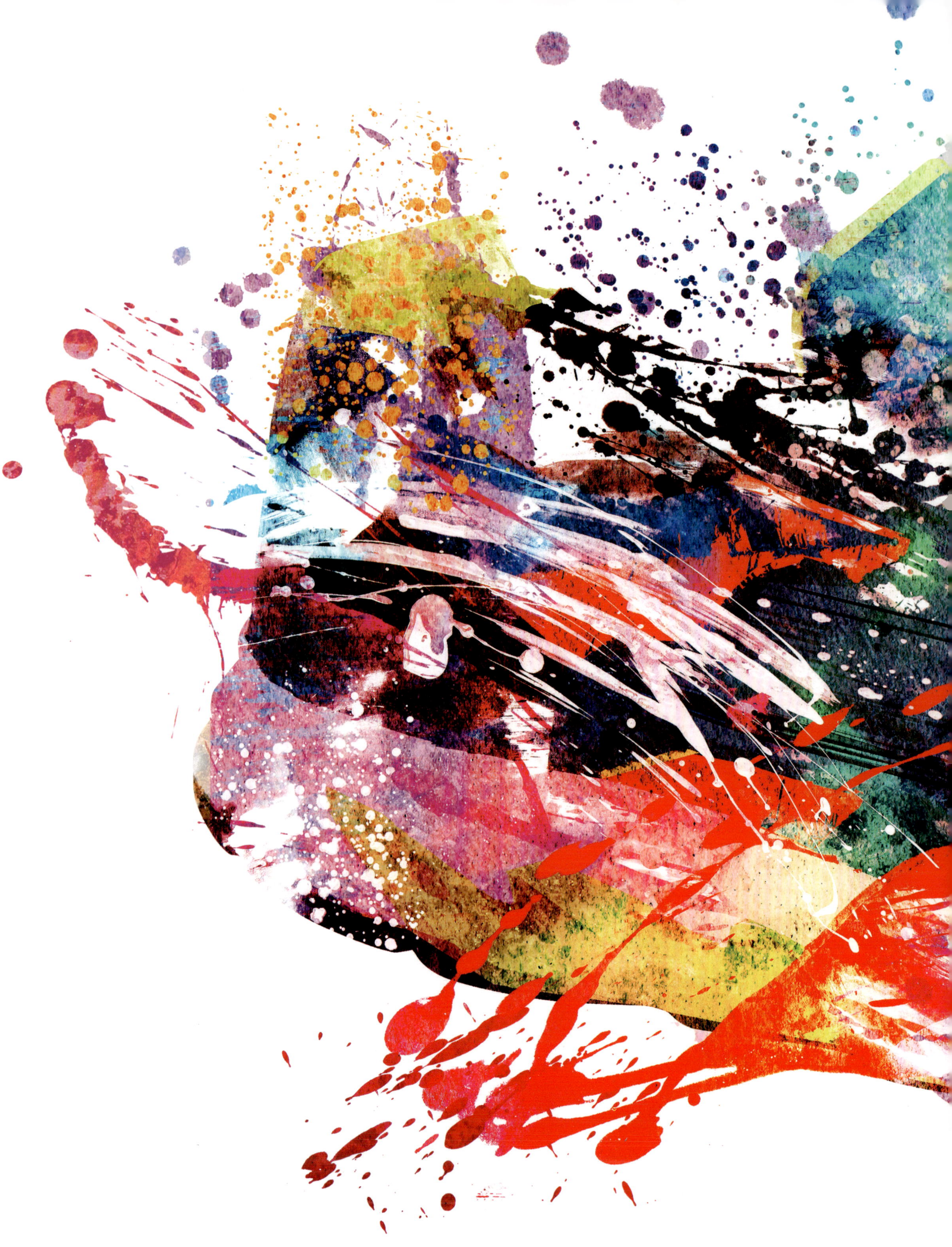

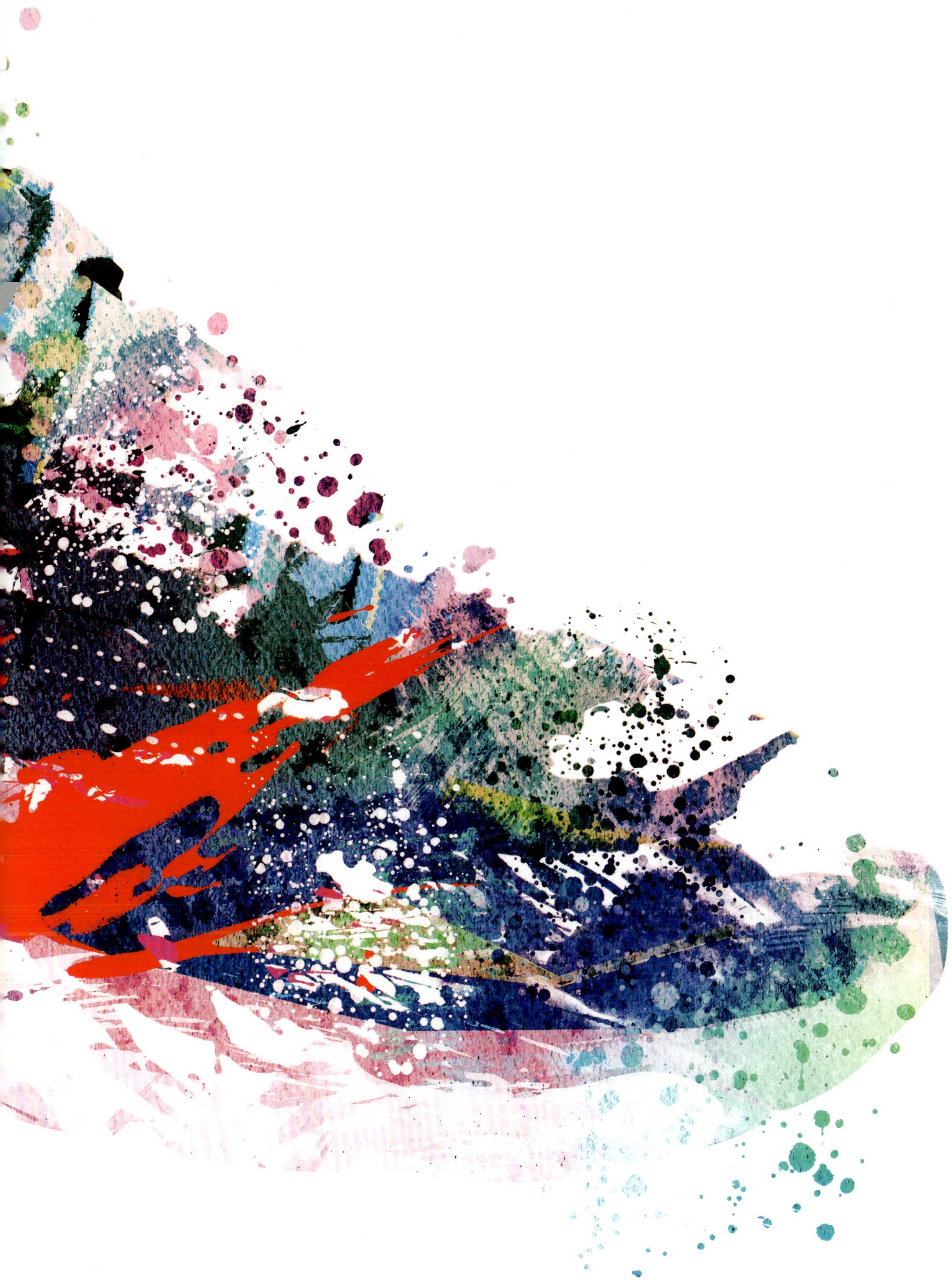

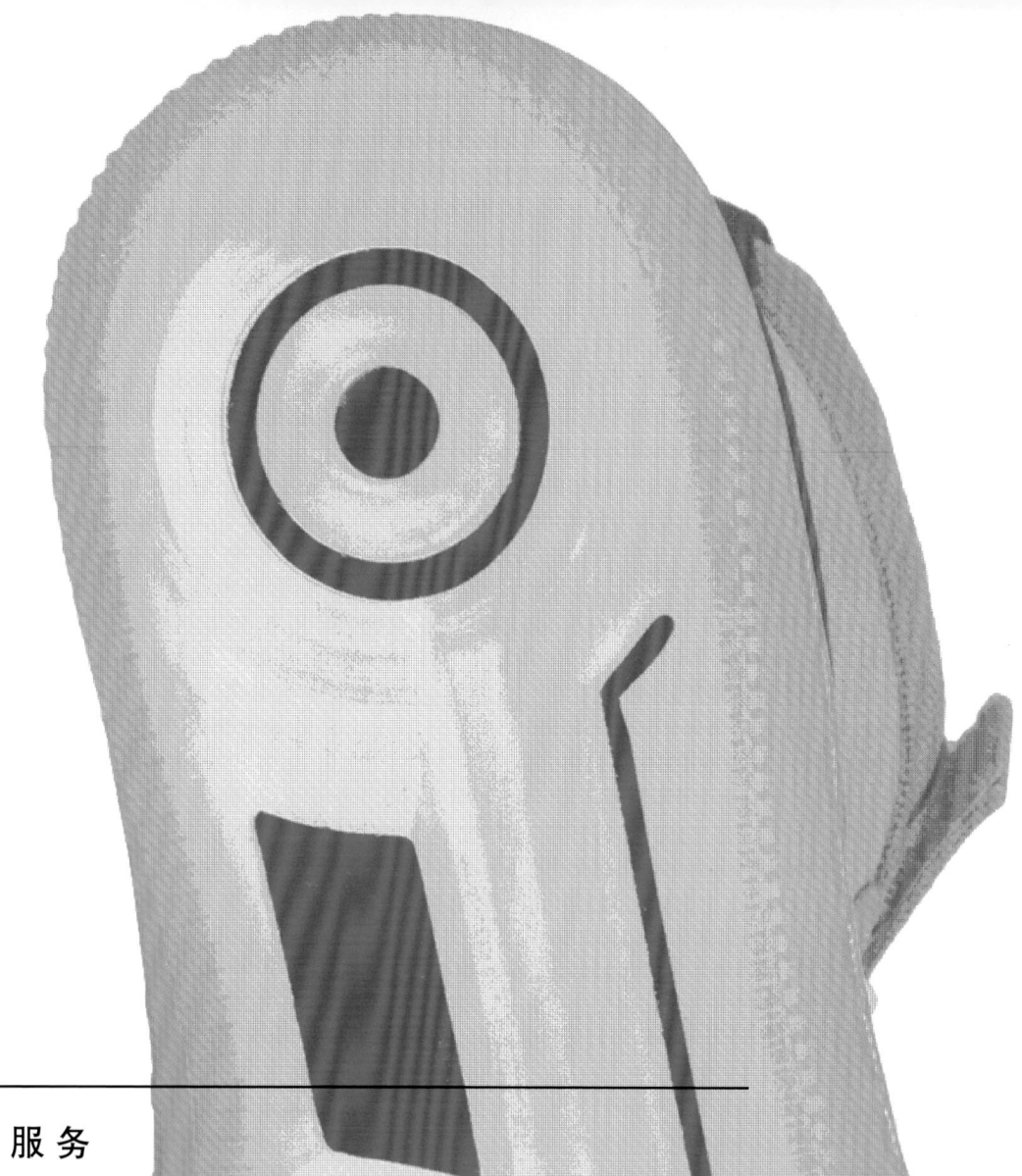

读者服务

读者在阅读本书的过程中如果遇到问题，可以关注"有艺"公众号，通过公众号中的"读者反馈"功能与我们取得联系。此外，通过关注"有艺"公众号，您还可以获取艺术教程、艺术素材、新书资讯、书单推荐、优惠活动等相关信息。

投稿、团购合作：请发邮件至 art@phei.com.cn。

扫一扫关注"有艺"